农作物花之境界

王其享 编著

中国农业科学技术出版社

图书在版编目（CIP）数据

农作物花之境界 / 王其享编著 . — 北京 ：中国农业科学技术出版社，2019.9
ISBN 978-7-5116-4394-0

Ⅰ. ①农… Ⅱ. ①王… Ⅲ. ①作物 – 花卉 – 观赏园艺
Ⅳ. ① S68

中国版本图书馆 CIP 数据核字（2019）第 203565 号

责任编辑　白姗姗
责任校对　贾海霞

出 版 者　中国农业科学技术出版社
北京市中关村南大街 12 号　邮编：100081
电　　话　（010）82106638（编辑室）（010）82109702（发行部）
（010）82109709（读者服务部）
传　　真　（010）82106650
网　　址　http ：//www.castp.cn
发　　行　各地新华书店
印 刷 者　北京富泰印刷有限责任公司
开　　本　787 mm × 1 092 mm　1 /16
印　　张　25.75
字　　数　660 千字
版　　次　2019 年 9 月第 1 版　2019 年 9 月第 1 次印刷
定　　价　168.00 元

版权所有 · 侵权必究

前　言

花，人人喜之、爱之。人们常把花寓意为美的象征、欢乐的象征、爱情的象征、吉利的象征……；中国的福、禄、寿、禧意识形态，都有花作其寓意代表。诗人和画家常以花作诗作画，任其寓意抒情。摄影家们更是以花为模，拍摄制作美丽的画幅画卷；可以说“花”是倍受人们瞩目之物。可是，有一类花，也就是农作物的花却鲜为人知，少有关注。因为这些花中，有的花很小而不显眼；有的花没有招人喜欢的艳丽色彩和香气；有的没有花冠花瓣，很不起眼；有的花不美甚至长相丑陋；有的花即开即闭，开花时间很短，很难看到花展；有的花隐秘于植株茎叶丛中很难寻觅……然而，农作物的花却有它值得自我骄傲的地方，它的开花并不是为了争艳，供人观赏，而是为了收获。我们可不要小看这些默默无闻的花。就是这些花，在农夫们的精心耕耘下，开花、授粉、谢花，生产出果实和种子，为人们提供了赖以生存的营养食物和生产、生活必需品。

其实，只要我们深入农作物花的境界，去了解和观察农作物花的开花、结果及其演变状况，你会感叹不已地发现它的内涵之美和奥妙，耐人寻味。

为了引起大家对农作物花的关注和认知，作者从农作物的“花”入手，用了近 10 年的时间，专门从事“农作物的花”照片的拍摄工作。先后涉足于农作物产地，深入农村，步履穿行于田间地头、菜地果园，出没于农作物丛中，寻觅作物的花朵，拍摄记录。共拍摄了两百多种农作物的花 4 万多张。经整理，本画册共选录了图片 3 000 多幅，包括蔬菜作物、果品作物、粮食作物、饮料作物、油料作物、香料作物、绿肥作物和工业加工作物等几大类 184 种作物。本画册在编辑过程中，力求图文并茂，尽量体现其科学性及其趣味性、休闲性的统一，以适应不同层次人群的阅读。用以普及有关农作物“花”的知识。

跋

你可能读过许多书，我相信你很少读过像这本极具个性特色的书。这本书的特色是科学性与趣味性、休闲性的统一。

为了这本书，作者历时十年，足迹遍及云、贵、川、渝、甘、陕、粤、桂和海南等地盛产农作物的田间地头。果蔬基地、特作园圃、夜以继日，沐雨栉风拍摄了 200 多种农作物的 4 万多幅照片。在花中选花，从中精选出 184 种农作物的 3 200 多幅照片，精选成本书。作者用严谨的情怀，执著的智慧，超人的勇敢，战胜风雨侵袭，虫蛇骚扰，铸就了本书科学性的魂！书中高清的彩版，风趣的图文，令你相见恨晚，美不胜收，爱不释手。

在日常生活中，你肯定有不少个为什么？你可知道无花果是真的无花吗？真的无花我们怎能吃到甜蜜的果呢？为回答这个问题，作者经过数年的准备、等待和精心的拍摄，终于将无花果花的形象活生生地展现在你面前，原来无花果不但有花，还是有许许多多的花聚生在一个囊中，人们只是没有发现罢了。

柑橘类水果是一个大家族。有果大如人头的柚子，有果小如指头的金桔。你也许吃过有一种被称为脐橙的柑橘果品，你可知道在琳琅满目的柑橘果品中，为什么唯独脐橙有“脐”？作者独具匠心，深入地观察到脐橙花结构的特殊性。大多数柑橘水果的花内只有一个被称为“心皮”的组织，而脐橙的花内则是由初生心皮怀抱着一个附加的次生心皮。初生心皮发育成脐橙果实的本体，而次生心皮发育成被脐橙果实顶部抱着的“脐”。其他的柑橘类水果花内，没有次生心皮，其果实也就不会有“脐”了。这一简要说明既化解了你的好奇心，也化解了所谓“公果”“母果”的误传。

近几年来，人们很注意环境绿化。有人在庭院周围种一株银杏或猕猴桃树。若干年后，只见开花而不结果。为什么？原来这两种树才真正有“公树”和“母树”之分。公树只开雄花，母树只开雌花。栽树时忽略或忘记了必须公树和母树的合理配搭这件大事，那就无异于使树打单身，真的成为“剩女”“剩男”，只开花不结果了。本书作者用一看就懂的照片展示给你，当你明白了什么是雄花、雄株？什么是雌花、雌株？再去银杏园或猕猴桃种植园赏花赏果时，就更有茅塞顿开、心旷神怡的感悟了。

进入 21 世纪以来，国人的物质生活大为改观，对精神享受的需求越发强烈。生态旅游、乡村旅游、休闲旅游等生活方式正蓬勃兴起。当你携亲带友同游万亩油菜花海与采蜜的蜜蜂共舞时；当你哼着“在那桃花盛开的地方”的优美旋律徜徉在桃花园时；当你吟诵着“忽如一夜春风来，千树万树梨花开”的诗句，与亲人流连于梨花节的胜景时；当你吟诵着“一年美景君需记，正是橙红橘绿时”与友人畅游在无际的柑橘树海洋时，你才猛然发现，原来我们的生活就这样与各种农作物的花紧紧地拥抱在一起密不可分了！你不觉得这本书也这样和你紧紧地拥抱在一起密不可分了吗？

我是果树战线上的一名老兵，一生都在战线上摸爬滚打。有幸读到这本好书，应作者之约写就以上感悟，与读者共享。

西南大学教授、博士生导师 李道高

目录

第一篇 综合篇

第二篇 蔬菜作物篇

第三篇　果品作物篇

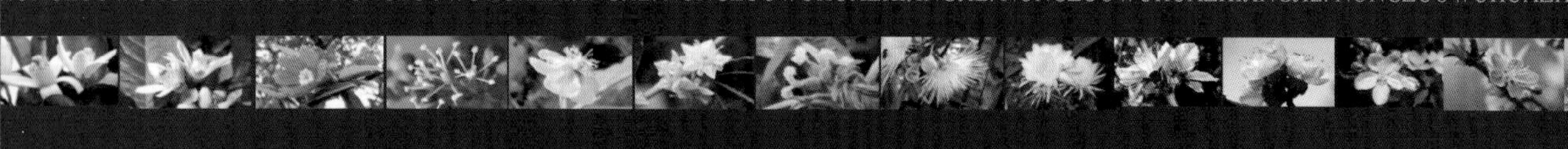

第四篇　粮油及其他经济作物篇

第一篇 综合篇

农作物花的境界

nongzuowuhuadejingjie

农作物花的概念

nongzuowuhuadegainian

农作物的花，从植物生理的角度来看，是作物的有性繁殖器官。作物开花，标志着它已进入发育成熟的阶段。开花、传粉、授粉孕育着果实和种子的形成。

农作物的花，从遗传学的角度来看，作物开花、传粉、授粉及发育形成果实和种子的过程状况，决定着该作物品种种性的保持和变异。也就是说，保持其种性纯度或物种间遗传基因的重新组合连接、转移，发生变异形成新的物种。为此，人们通过对花器官及传粉授粉方式的操作处理，可以对该品种的种性进行提纯复壮，以保持本品种种性的纯度和品质；或者培育出更为优良的新品种。我们的农业科技工作者为农作物的提纯复壮，保持优良品种的特性以及进行杂交组合，培育新品种，无不是从研究农作物花的形态特征、生理生态特性开始，与花打交道中进行的。

农作物的花，从农业生产和经济的角度看，它的花器官形成及开花状况又是影响作物产量的高低、品质优劣的重要因素。因此，在农作活动中根据农产品的不同要求，往往采取一些必要的农艺措施，如以花、果实和种子及其附属物为产品的农作物，需采取促花、保花、人工授粉或者疏花、去花、花期调整、雌雄花株合理配置等技术措施；以叶、茎、根、蕾为产品的农作物，如果开花，其可利用的产品就会老化，质量变差。因此除作物本身留种外，则需确定正确的采收期等措施，以生产高产优质的农产品。

作物与农作物的概念

●**作物：**是指对人类有利用价值，并通过耕作所栽培的各种植物，称为作物。

现代栽培的所有作物，都是人类在长期的社会和生产实践中从野生植物中选择、驯化、培育、改良而来的，是人类劳动的产物和成果。栽培作物必须是具有一定生产价值或经济性状，且遗传性稳定，能适合人类需要的植物。因而，从野生植物驯化成作物的任务是很艰巨的。几乎所有作物都有几千年的驯化史，其中只有少数变为栽培种。随着人类社会的进步以及科学技术和农艺水平的提高，越来越多的野生植物被栽培利用，原有作物亦不断改良创新，作物的新品种层出不穷，产量和品质不断创新，栽培作物的范围和用途愈加广泛。

●**农作物：**我们所说的农作物，指的是在农业产业链中，从事种植业的人们，通过种植栽培，生产出直接或间接以满足人们物质和精神文明所需的作物，其产品亦叫农产品。这些产品包括作物的根、茎、叶、花、果实、种子以及作物体的附属物和内含物、分泌物等；还有一些是利用作物株体某器官的色彩、气味和形态的奇特，以满足人们视觉、嗅觉等感官需求等的产品。目前世界上农作物的种类很多，主要有 90 多类。我国有 50 多类，包括粮、棉、油、菜、果、糖、茶、桑、麻、烟、药、杂（香料、饮料、饲料、花卉）等作物，也就是人们所说的“庄稼”。

●**农作物的分类：**农作物的种类很多，通常分类的方式按人类生产、生活的需求，以作物的经济用途和植物学系统相结合的原则分类。大体上可以分为以下类别：粮食作物、蔬菜类作物、果品类作物、油料作物、饮料作物、香料作物、绿肥作物、饲料作物、工业加工作物（糖料、纤维等）及观赏花卉作物、药材作物等。随着人类物质和精神文明以及生活水平和质量的提高，对农作物的需求也随之发生变化。因此上述分类也会发生变化和交叉。

丰富多彩的农产品

●果品

水果摊

花冠
花药
花丝
雄蕊
柱头
子房
雌蕊
花柱
胚珠
心室
花萼
花柄

农作物的花，不论大小、颜色和形状如何，各种花都有大体相同的结构。大多数作物的花由花萼、花瓣、雌蕊和雄蕊组成。

有关农作物花的基本知识简介

农作物的花是作物果实和种子形成的器官，农作物花的形成和开花状况，是影响农作物产品数量和品质的重要因素。

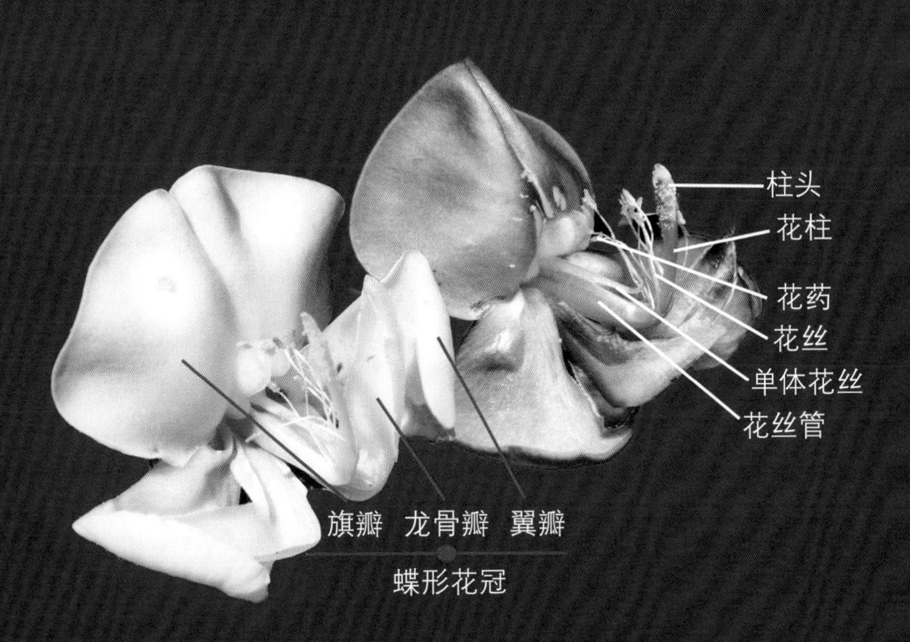

有关植物花的知识

花：花是被子植物（即开花和显花植物）的有性繁殖的器官，也是植物发育成熟的标志。不论大小、颜色和形状如何，各种花都有大体相同的结构。

（农作物的花是农作物形成果实和种子的器官，农作物花的形成和开花状况，是影响农作物产品数量和品质重要因素）

花的结构：大多数植物的花都是由花萼、花瓣、雄蕊和雌蕊四部分组成的。外层为花萼，由若干萼片组成，有保护花冠的作用，花萼有合瓣和离瓣之分。花瓣在萼片里面，常常特化为明显的颜色和形状，主要有保护内部的雄蕊与雌蕊及招引鸟、虫传粉的作用，协助完成传粉的使命。雄蕊群，由生有花粉的雄蕊组成；子房和雌蕊群，由内含胚珠的心皮组成，能接受花粉。

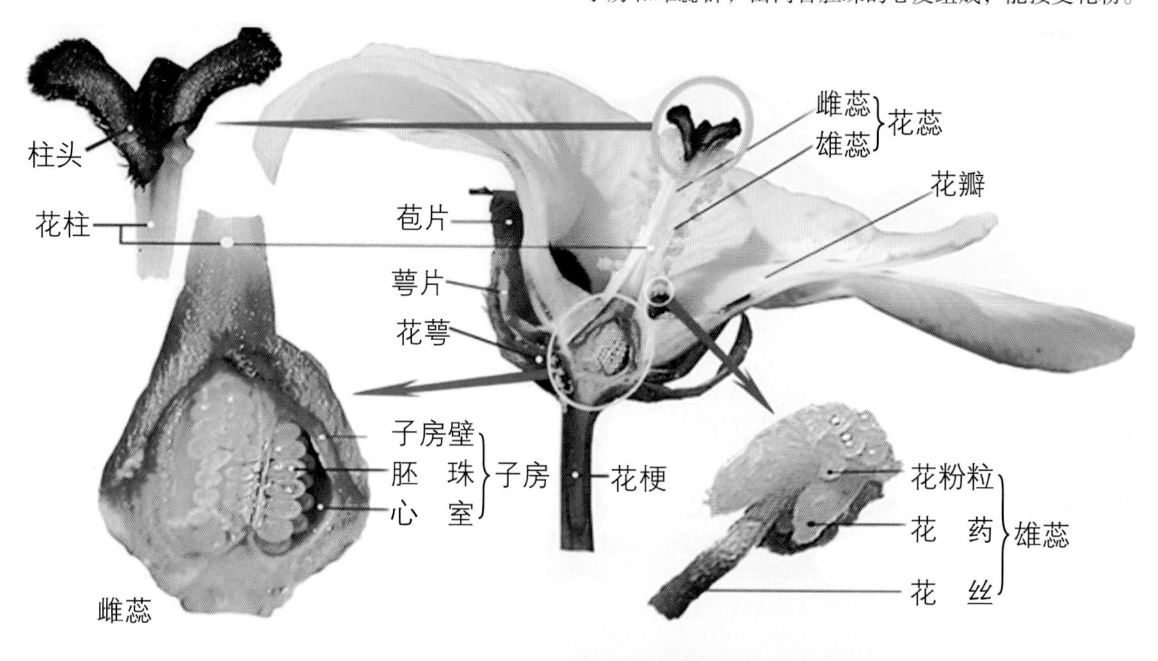

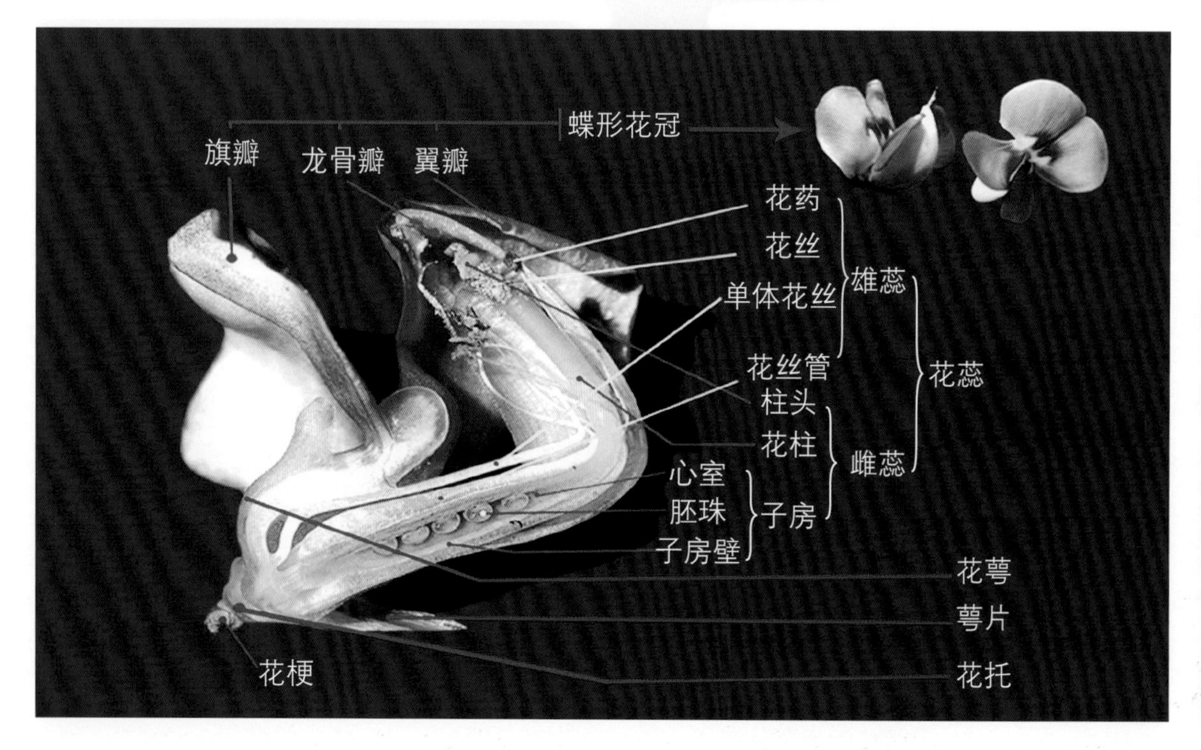

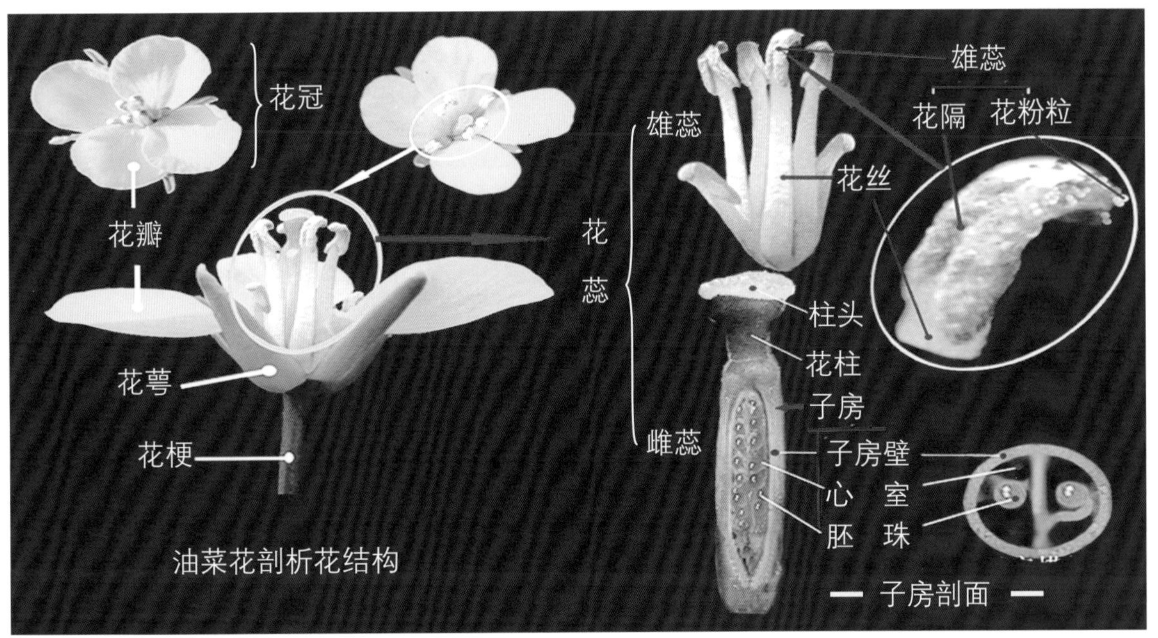

油菜花剖析花结构

完全花与不完全花

花萼、花瓣、雄蕊与雌蕊四部分全部具备的花叫作完全花。如梨花、樱桃、百合花等。

花萼、花瓣、雌蕊和雄蕊四部分不完全具备的花叫作不完全花，如核桃，桑树、无花果等没有花萼；单性花，没有雌蕊或没有雄蕊，如瓜类作物、蕃木瓜等。

完全花●式例

花　蕊

花蕊分雌蕊与雄蕊，是高等植物的繁殖器官，位于花的中央部分。

不完全花●示例

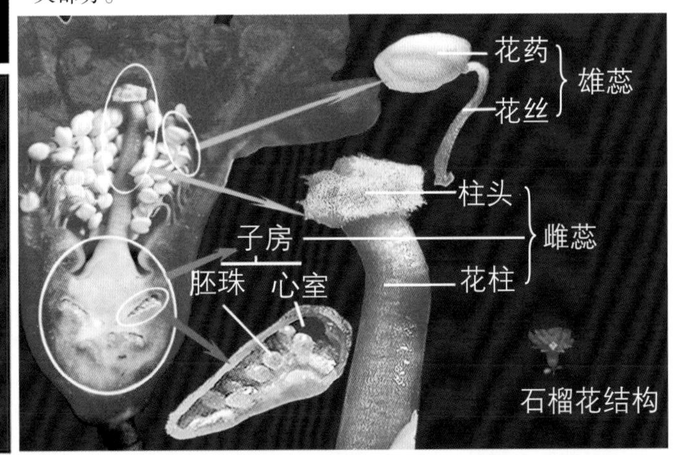

石榴花结构

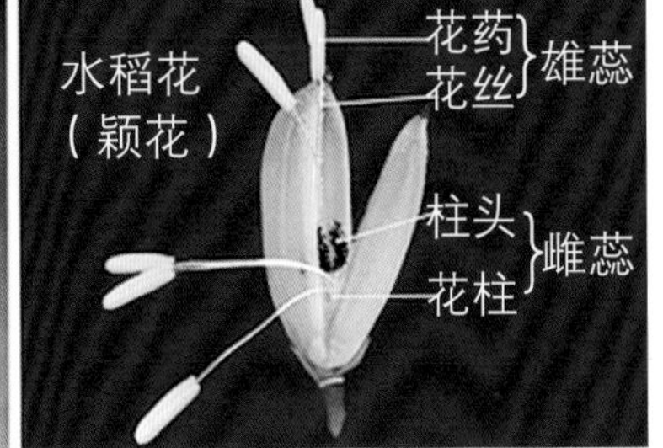

雄　蕊

雄蕊：是产生花粉的繁殖结构。着生在花冠或花托上能产生花粉的器官叫雄蕊。由花丝和花药组成；一定数量的雄蕊就组成了雄蕊群，呈螺旋状或轮状排列。在正常环境下，一般双子叶作物，如豆类、瓜类、十字花科等作物的雄蕊数量是 4 或 5 及其倍数；单子叶作物如百合科、禾本科等作物的数量为 3 及其倍数。

●**花丝**——花丝通常呈丝状，长短不一，也有的花丝扁平呈带状，还有的花丝转化为花瓣状；花丝的着生方式不太一样，一般花丝的底端着生在花托或花冠之上，顶端延伸部分，由维管束和薄皮细胞构成的薄膜状物，即药隔，是花丝与花药连接的部分。有的花药着生在花隔的基部；有的着生在花隔中部，有的着生在花隔的顶部。有的植物没有花丝，花药直接着生在花瓣上。

●**花药**——着生花粉囊中间与药隔相连的部位为花药，花药中有四个花粉囊，成熟后花粉囊自行破裂，散出花粉。

●**花粉**——花粉是裸子植物和被子植物（即显花植物）的繁殖结构。通俗的讲花粉就是植物的精子。没有花粉及其传播，就不会有种子，也就不会发育出植物的果实。所以说花粉在植物的传宗接代中起着重要的作用。花粉粒在花粉囊中生长发育成熟。成熟的花粉内有一个营养细胞，一个或两个生殖细胞。

雄蕊的类型

●分生雄蕊（或称离生花蕊）——雄蕊多数，彼此分离，长短相近。如桃、梨、李、杏、樱、苹、禾本科、莲藕等作物的花等。

●**四强雄蕊**——雄蕊 6 枚，彼此分离，4 枚较长，2 枚较短。如十字花科的花。

●**二强雄蕊**——雄蕊 4 枚，彼此分离，2 枚较长，2 枚较短。如唇形花科作物的花。

●**二体雄蕊**——有雄蕊 10 枚，其中 9 枚花丝中下部联合成管状，称花丝管，1 枚分离着生。如豆科作物的花。

●**聚药雄蕊**——雄蕊 5 枚于花药，甚至上部花丝彼此联合成管状。如向日葵等菊科、葫芦科物。

●**多体雄蕊**——雄蕊多数，花丝下部彼此联合成多束。如金丝梅。

●**单体雄蕊**——雄蕊多枚，花丝下部联合成管状。如棉花、锦葵。

●**冠生花蕊**——雄蕊着生在花冠上，如红薯花、茶叶花等。

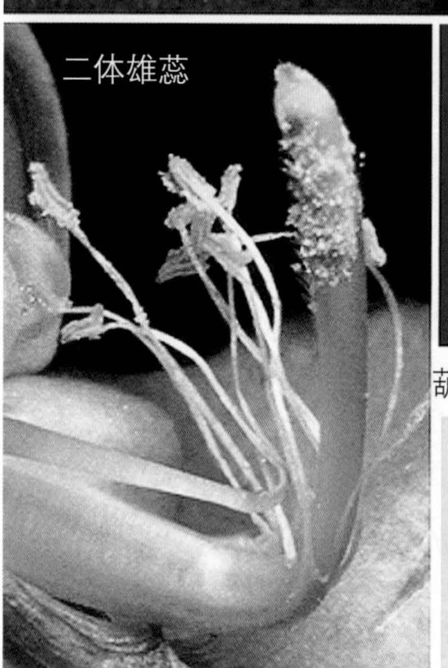

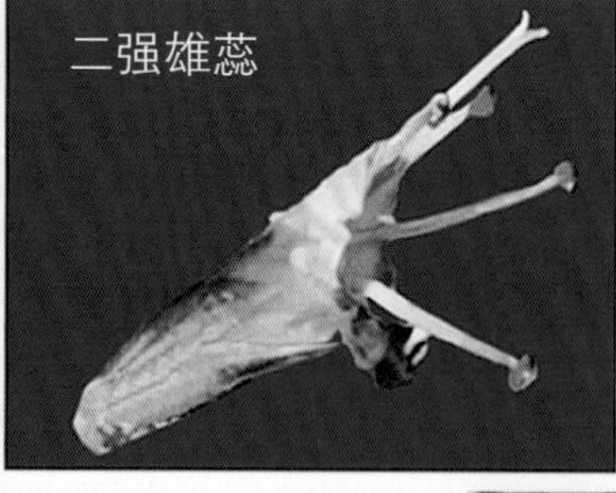

葫芦科的花为聚药雄蕊

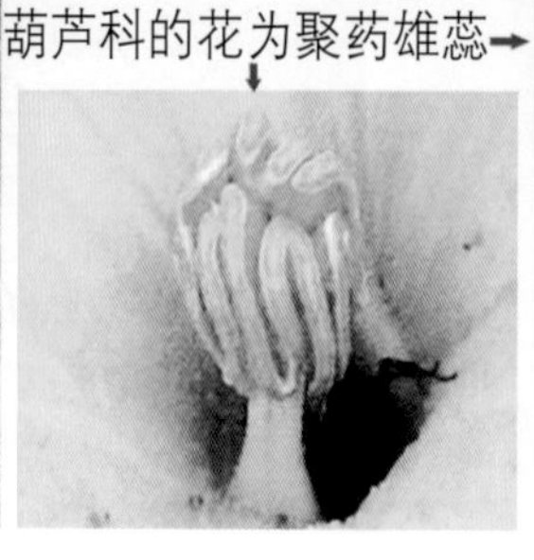

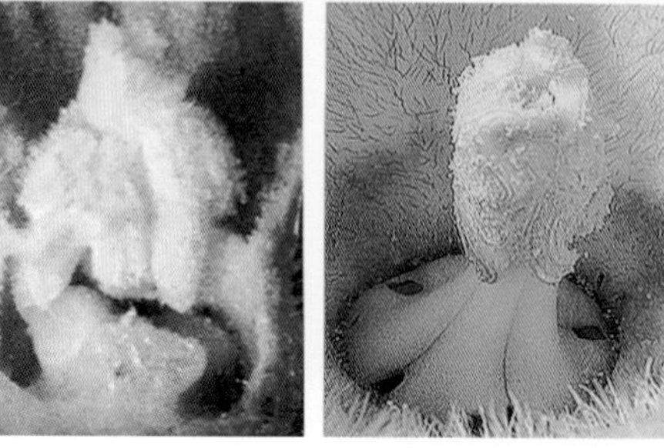

花粉的传播方式

●**自花传粉：** 花中雄蕊的花粉，传到同一朵花的雌蕊柱头上并完成授粉的就叫自花传粉。如大麦、小麦、一些豆类等都是自花传粉作物。自花传粉一定是两性花，雌雄蕊同花并同时成熟。这些花的共同特点是花瓣没有鲜艳的颜色和香味，也没有蜜腺。有的在花开放之前已完成授粉(称闭花授粉)。

花生●自花授粉

●**异花传粉：** 异花传粉指的是一朵花的花粉传到同一株另一朵花的柱头上，或一朵花的花粉传到不同植株的另一朵花的柱头上。如桃、玉米等作物。从生物学意义来说，异花传粉比自花传粉先进。农作物的异花授粉的媒介，主要借助于风力和昆虫。

——**虫媒花：** 靠昆虫或小型鸟类传粉的叫虫媒花。虫媒花花朵一般较大，颜色鲜艳，有芳香气或蜜腺发达，产生蜜汁，其花粉粒大、表面粗糙、有黏性，易于附着在昆虫或小型鸟类身上，它们在不同的花上采蜜的过程中无意中给花传了粉。

——**风媒花：** 靠风力传粉的叫风媒花，如玉米等；风媒花的花被小或退化，不具鲜艳的颜色，也无蜜腺和香气；花粉粒轻、光滑而干燥，数量大，易被风吹送。风媒花的雌蕊一般为羽毛状，利于捕捉花粉粒。如玉米、高粱、核桃的雄花。

雌　蕊

雌蕊：位于花的中央部位能产生卵细胞的器官称为雌蕊。每一个雌蕊通常是由基部膨大成子囊状的子房、子囊上部的圆柱形花柱以及花柱顶部膨大的柱头三部分组成。一朵花中由多个雌蕊组成了雌蕊群。

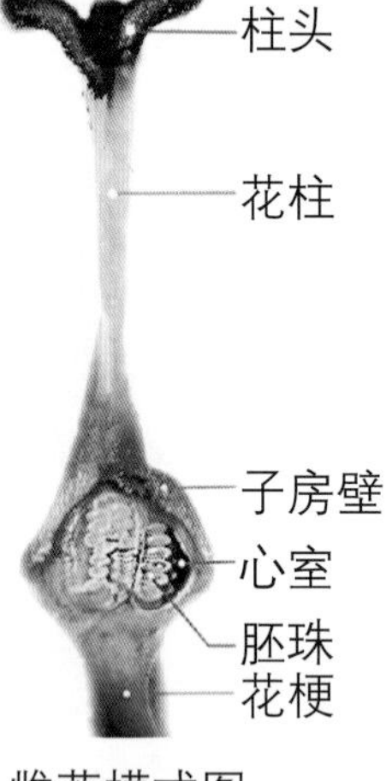

雌蕊模式图

●**柱头**——在一个雌蕊中，柱头是接受花粉粒的地方。通常膨大或分离成各种形状，发育正常的柱头，其表面多数有乳头、短毛、茸毛等突出物，并且经常湿润或分泌黏液，以便黏住更多的花粉。

●**花柱**——花柱是柱头和子房之间的连接部分，一般的花柱比较细长，中空，是花粉发育形成的花粉管及其内含的生殖细胞（精细包）和营养细胞，通往子房与胚珠内的卵细胞结合的通道，花柱能为其提供营养和某些趋化物质。

●**子房**——是形成果实和种子的器官，由内含胚珠的心皮组成。是雌蕊基部的膨大部分，内有 1 至多室，叫心室，每室含 1 至多个胚珠。经传粉胚珠内的卵细胞受精后，子房发育膨大形成果实，胚珠发育成种子。

●**授粉与受精**——雄蕊的花粉，通过各种不同的方式（媒介）传到雌蕊的柱头上，称为授粉。花粉在柱头上发育生成花粉管，并不断伸长，携精细胞经过花柱深入到子房内的心室，经胚珠孔进入胚囊，花粉的精子与卵细胞结合而成合子，称为受精。在一般情况下，授粉后花粉管要经过 30 个小时左右才能到达胚珠，再经过 15~40 个小时完成受精。

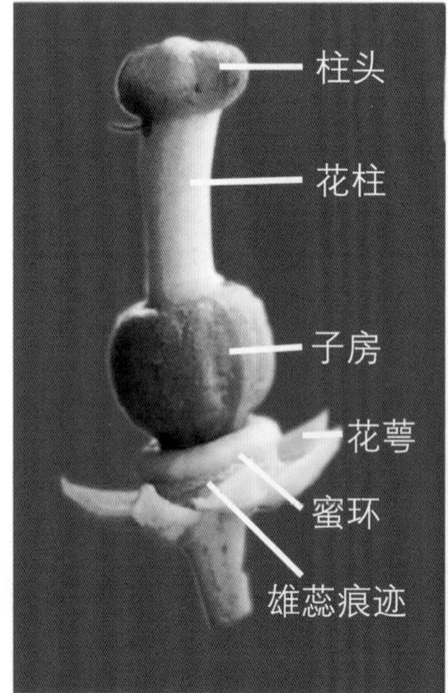

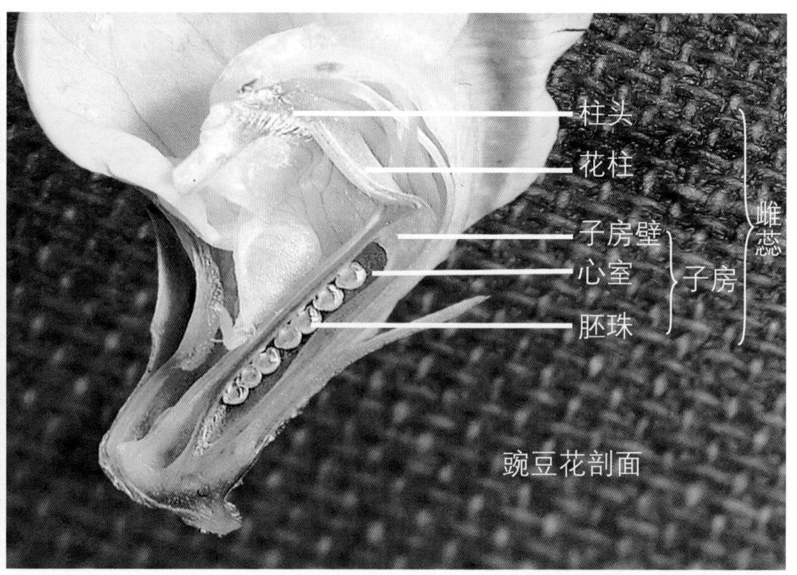

豌豆花剖面

形态各异的雌蕊柱头

花的性别

植物的花有单性花、两性花和无性花（又称中性花）之分。

●**两性花**——雄蕊、雌蕊长在同一花朵内称为两性花。植物中大多数的花为两性花。

●**单性花**——只有雄蕊或只有雌蕊的花称为单性花。只有雄蕊的花为雄花，只有雌蕊的花为雌花。如葫芦科的作物、核桃、番木瓜、槟榔、菠菜、猕猴桃、玉米、桑树等的花。

两性花

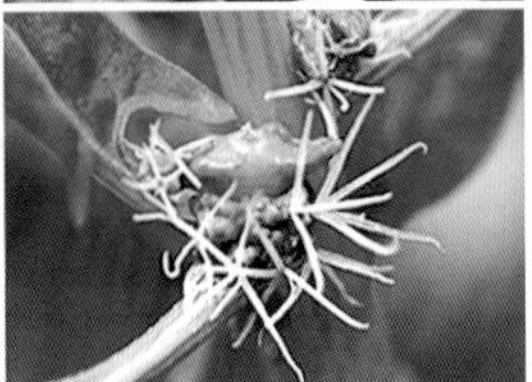

●**无性花（中性花）**——既无雌蕊也无雄蕊或两者不育的花称为无性花，也叫中性花。如局部的香蕉、猕猴桃等。

●**雌雄异株**——雄花和雌花分别生长在不同株上的现象叫雌雄异株。如菠菜、桑树、杨梅、花椒。

●**杂性同株**——雄花、雌花及两性花同时长在一株上的现象，称为杂性同株。如猕猴桃、大麻等。

●**雌雄同株**——雄花和雌花同时生长在同一株植物上的现象称为雌雄同株。如瓜类、核桃、慈菇、玉米等。

花梗（花柄）

花可以以多种方式着生于植物上。花与茎连接并起支持花朵作用的小枝则称为花梗，亦称花柄。有的花梗较长，有的很短甚至没有。如果花没有花柄，而是单生于叶腋或花托上，即称为无柄花。如果花柄具分枝且各分枝均有花着生，则各分枝称为小梗。

花 托

花托为花梗顶端的膨大部分，上面着生花萼、花冠、雄蕊和雌蕊的地方称为花托。花托通常膨大，形态多样，有的呈圆柱状，如玉兰；有的呈头状，如草莓；有的呈倒圆锥形，如荷花；有的呈凹陷状，如桃和梅；有的呈盘状，如向日葵等菊科作物。

花瓣与花冠

花冠：花冠位于花萼内侧，由若干片花瓣组成，排列成一轮或多轮。通常花冠具有鲜艳的色彩。花瓣的排列、覆盖和形态的状况，称为花被。

花冠的类型：由于花瓣的形状、大小不同，花瓣的排列形式、花瓣之间各自分离或彼此结合以及结合程度的深浅等，花冠形成了各种不同的形态，可分两种情况，花瓣分离的花冠叫作离瓣花，或叫离瓣花冠；花瓣相互结合在一起的叫合瓣花，或叫合瓣花冠。

- **十字花冠：**由四个花瓣对称排列成十字形的花冠称十字花冠。如白菜、萝卜、甘兰、芥菜等。
- **漏斗形花冠：**漏斗形花冠是合瓣花冠的一种，整个花冠由 5 个花瓣联合起来，下部呈筒状，由下向上逐渐扩大成漏斗形。如红薯、空心菜等。
- **钟形花冠：**由 5 个花瓣组成，下端联合呈筒状，花冠筒短而粗；上端 5 裂张开，略反卷，呈钟形。如葫芦科的南瓜、黄瓜、苦瓜、冬瓜、食用百合、韭菜等。
- **唇形花冠：**花冠基部联合成筒状，上部由两个裂片合生为上唇，下面三个裂片结合构成下唇。上下对称呈两唇状，如薄荷、藿香、薰衣草等。
- **蝶形花冠：**由 5 个分离花瓣构成的左右对称的花冠。最上面的一片花瓣较大，叫做旗瓣；两侧的花瓣较小叫翼瓣；最下面的两个花瓣联合成龙骨状，叫龙骨瓣。如大多数豆科作物的花冠。
- **筒状花冠：**整个花瓣完全卷成一个闭合的小筒，称管状花冠。
- **舌形花冠：**花冠基部卷在一起，上方向一边展开呈扁平舌状，叫舌状花冠。如向日葵等作物头状花序边缘的一轮或多轮小花就是舌状花冠。
- **蔷薇形花冠：**5 只花瓣相互分离，花展时形成辐射式对称的花，这是蔷薇科作物的代表花冠。
- **坛状花冠：**花冠筒膨大成卵形或球形，上部收缩短颈，顶部略扩张呈坛口状。如蓝莓花等。

十字花冠

喇叭状花冠

钟状花冠

管状与舌形花冠　蝶形花冠　唇形花冠

蔷薇形花冠

轮状花冠

坛状花冠

伞房花序

头状花序

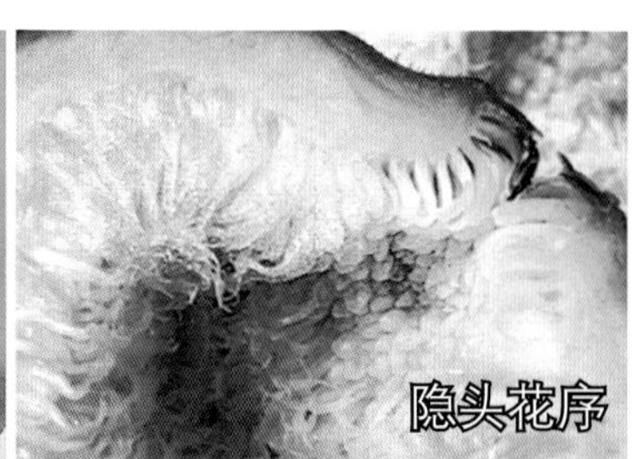
隐头花序

伞形花序

葇荑花序

花 序

植物的花按照某种规律排列在花枝上的方式称为花序。花枝也叫花轴。花轴有主轴和侧轴之分，一般由顶芽发出的为主轴，由腋芽萌发出或自主轴分枝出的为侧轴。

●**无限花序的特点：**在开花期内，无限花序的花轴（主轴）可不断向上生长，延伸生出新的苞片，并在腋中产生花朵，开花的顺序是花序轴基部的花最先开放，然后向顶端依次开放。如果花序轴很短，花朵密集，花则由边缘向中央依次开放。

无限花序的分类：无限花序包括总状花序、伞房花序、穗状花序、柔荑花序、伞形花序、肉穗花序、佛焰花序和头状花序等多种类型。

●**伞房花序**——花序轴上生有长短不一的多花朵，下部的花柄较上部的花梗长，愈接近花序轴顶端的花梗愈短，整个花序的花齐平地排在一个平面上。如苹果、梨的花序。

●**头状花序**——花序顶生，花轴缩短，顶端膨大呈扁平状，上面密生着许多无柄的两种花；花序中间着生许多管状花冠的完全花，花序边缘着生着一轮或多轮舌形花冠的完全花。花序基部着生由许多叶片变态而成的苞片组成的总苞。总苞有盘状、碗状、筒状、杯状等。如菊科作物。

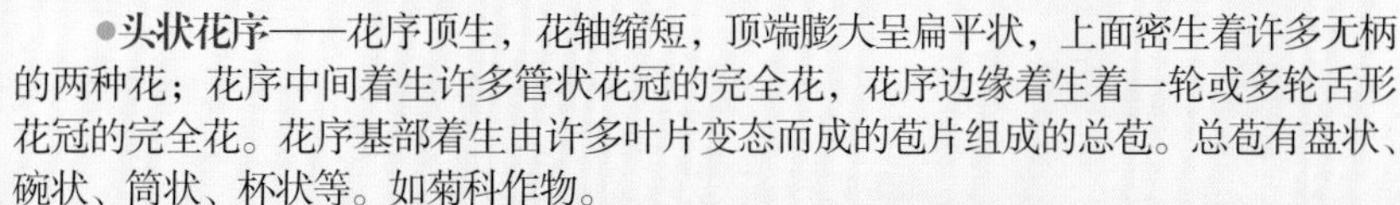

●**伞形花序**——一种形态是花柄顶端生有许多花梗长度相等的小花，整个花序呈放射状，排列成圆顶形，按照由外向内的顺序开花。如葱、蒜、韭等；另一种形态是花柄顶端生有许多长度不等，下长上短呈放射状的花梗，在这些花梗的顶端有着生许多花梗长度不等且下长上短的小花，整个花序上方呈一个平面，如胡萝卜、芹菜、茴香、芫荽等。

●**柔荑花序**——花序有一个柔软的花序轴，整个下垂或直立，轴上生有许多无柄的单性花，花无花冠，雄花序开花散粉后，整个花序脱落。如核桃、桑树、白果的雄花。

●**隐头花序**——隐头花序的花轴顶端膨大，中央部分下陷呈囊状。花着生在囊状体的内壁上，分雌雄两性。雄花分布在内壁的上方，雌花分布在下部。花完全被包在囊状体内，只有顶端的小孔与外界相通，为昆虫传粉的通道。如无花果的花。

●**佛焰花序**——在肉穗花序的外面包着一片大型的苞片，则称为佛焰花序，如天南星科的花。如魔芋、芋头等。

●**总状花序**——总状花序具有一个较长的花序主轴，主轴可继续生长、延伸，上面生有花梗长度大致相等的花柄。如百合、十字花科作物。

●**穗状花序**——穗状花序有一个直立不分枝的花序轴，轴上生有若干小型无柄的花朵。如鱼腥草、薰衣草、玉米的雌花。

●**肉穗花序**——肉穗花序类似于穗状花序，但花序轴为肥厚肉质，呈棍棒状。肉质的花序轴上着生许多小型无柄花如玉米的雌花。

佛焰花序

总状花序

肉穗花序

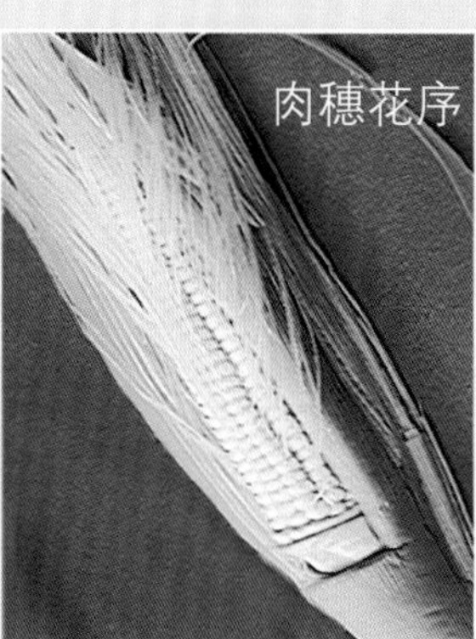
肉穗花序

穗状花序

蔬菜的含义：蔬菜指的是以作物株体的某器官，如根、茎、叶、花、果实和种子等部分，用以做菜、烹饪成为食品的作物，称为蔬菜。

蔬菜是人们一日三餐饮食中必不可少的食物。也是人类摄取身体所必需的蛋白质、多种维生素和矿物质的重要来源。据联合国粮农组织统计，人体必需的维生素 C 的 90%、维生素 A 的 60% 来自蔬菜。

第二篇 蔬菜作物篇

蔬菜作物综述

蔬菜的含义：蔬菜，指的是以作物株体的某器官，如根、茎、叶、花、果实和种子等部分，用以做菜、烹饪成为食品的作物，称为蔬菜。

蔬菜是人们一日三餐饮食中必不可少的食物。也是人类摄取身体所必需的蛋白质、多种维生素和矿物质的重要来源。据国际粮农组织统计，人体必需的维生素 C 的 90%、维生素 A 的 60% 来自蔬菜。

我国是一个文明古国，在四五千年前就有蔬菜栽培，蔬菜资源非常丰富，种类较多，仅目前栽培的就有一百余种，其中普遍栽培的有 50~60 种，主要是一年生、二年生及多年生的草本植物。

农作物分类中的蔬菜作物，指的是凡以其产品作为菜品食用而栽培种植的作物，均可列为蔬菜作物。

蔬菜作物的分类：蔬菜作物的种类很多，其分类依据主要是以蔬菜作物的植物学特征、食用器官的不同以及农业生物学特性来进行分类。

一、根据植物学特征分类

以作物所属植物类别的科、属、种来分，如豆科、茄科、菊科、葫芦科、十字花科、百合科、锦葵科……等蔬菜作物。本画册主要以此分类法进行作物画面排列。

二、根据食用器官的不同来进行分类

1. 根菜类

这类蔬菜的食用器官分为肉质根或块根。①肉质根类菜：萝卜、胡萝卜、大头菜等。②块根类菜：豆薯、雪莲果等。

2. 茎菜类

这类蔬菜食用部分为茎或茎的变态。①地下茎类：马铃薯、菊芋、莲藕、姜、荸荠、慈姑和芋等。②地上茎类：茭白、石刁柏、竹笋、莴苣笋、球茎甘蓝和榨菜等。③鳞茎菜类：洋葱、大蒜和百合等。

3. 叶菜类

这类蔬菜以普通叶片或叶球、叶柄、变态叶为食用器官。①普通叶菜类：小白菜、芥菜、菠菜、芹菜和苋菜等。②结球叶莱类：结球甘蓝、大白菜、结球莴苣和包心芥菜等。③辛辣叶菜类：葱、韭菜、芫荽和茴香等。

4. 花菜类

这类蔬菜以花、肥大的花茎或花球为产品器官，如花椰菜、金针菜和芥蓝等。

5. 果菜类

这类蔬菜以嫩果实或成熟的果实为产品器官。①茄果类：茄子、番茄和辣椒等。②荚果类：豆类菜，菜豆、豇豆、刀豆、毛豆、豌豆、蚕豆、眉豆、扁豆和四棱豆等。③瓠果类：黄瓜、南瓜、冬瓜、丝瓜、菜瓜、瓠瓜和蛇瓜等。

6. 种子类

以籽粒为食用产品，可以炒食或制作点心食用。主要是菜豆、豌豆、蚕豆、毛豆、扁豆、莲米、芡实等。

琳琅满目的菜市场

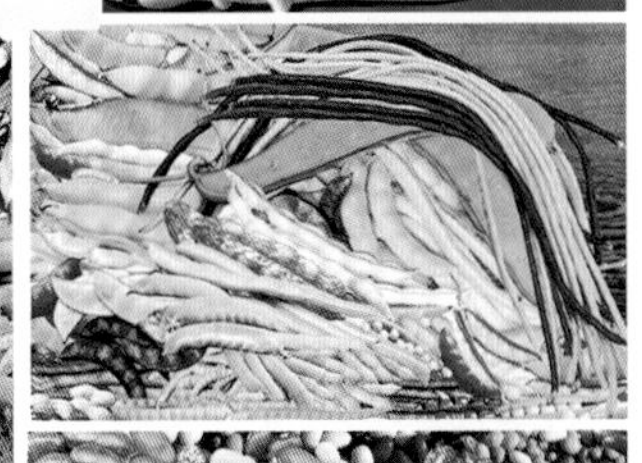

（蔬菜作物——豆科作物）

四季豆

●四季豆又称菜豆、二季豆，原产美洲的墨西哥和阿根廷，我国在16世纪末才开始引种栽培，现在全国各地广为种植。

炒四季豆

干煸四季豆

四季豆红烧肉

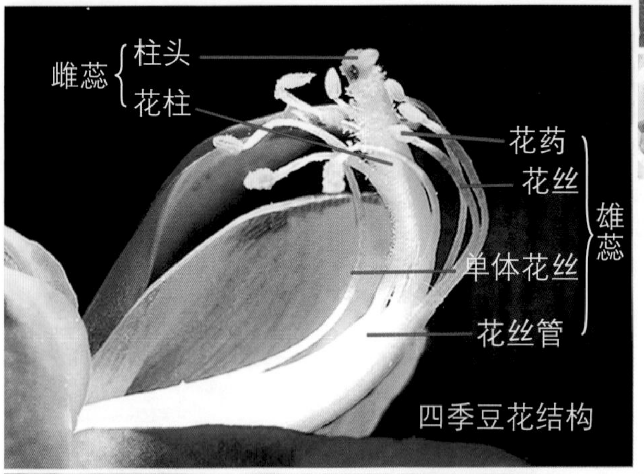

四季豆花结构

四季豆为豆科一年生缠绕植物。

四季豆花形态结构

总状花序腋生，每花序有花数朵至10余朵，结2~6荚。花梗较长。一般开花多结荚少。蝶形花冠。花瓣白、黄、淡紫或紫等色。花蕊被2片龙骨瓣包裹，二体雄蕊，自花传粉，少数能异花传粉。

（蔬菜作物——豆科作物）

豇 豆

●豇豆，在我国自古就有栽培，历史悠久，资源丰富，品种繁多，全国南北各地均有种植。

●豇豆是夏季的主要蔬菜之一。其嫩荚可炒食、凉拌、泡食或腌渍晒干，老熟的种子可代粮和做豆泥馅料，营养丰富，味道鲜美，供应期长。

豇豆花形态结构

蒜味豇豆

泡豇豆

豇豆炒肉片

豇豆为豆科一年生缠绕草本植物。

豇豆花的形态特征

花序：为总状花序，腋生；花梗较长，顶端着生2~4对花朵（一般为1~2对）。

花冠：为蝶形花冠，由1只旗瓣、2只翼瓣和2只龙骨瓣组成。

花蕊：雄蕊为二体雄蕊，有雄蕊10枚，其中9枚雌蕊花丝中下部联合成管状，1枚单生。雌蕊子房长梭形，花柱较长被花丝管包围。

（蔬菜作物——豆科作物）

大白芸豆

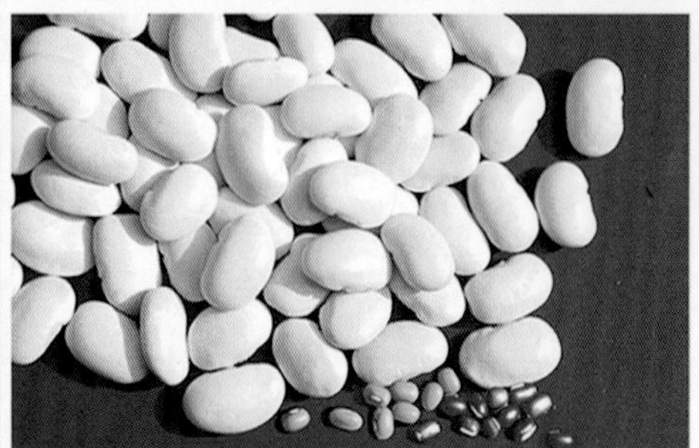

●大白芸豆原产美洲的墨西哥和阿根廷，我国在16世纪末开始引种栽培。现在中国的各个省区均有种植，面积较大的省份是云南、贵州、四川等。

●大白芸豆的籽粒肥大，长约21毫米，厚约9.5毫米，可称豆中之冠了，豆粒整齐、洁白有光泽，用作配菜可谓锦上添花，在国内外享有盛名。大白芸豆是制作豆沙、豆馅、豆酥及高档糖果、豆粉、豆奶的上等原料和出口创汇的农产品。

大白芸豆为豆科一年生藤本缠绕作物。

大白芸豆花形态结构

具有豆科作物的一般形态特征。

（蔬菜作物——豆科作物）

花芸豆

●花芸豆又名大黑花芸豆、霸王豆，原产美洲的墨西哥和阿根廷，我国在16世纪末开始引种栽培。现在华南地区各省区均有种植，以云南、广东、广西、福建、贵州、四川等地种植较多。

●花芸豆的籽粒肥大，豆粒整齐、棕红色带黑色花斑纹，有光泽，属大粒型豆科作物。它的豆粒可煮食和配菜食用，也是制作豆沙、豆馅、豆酥及高档糖果、豆粉、豆奶的上等原料和出口创汇的农产品。

花芸豆为豆科一年生藤本缠绕植物。

花芸豆花形态特征

花芸豆的花结构与其他豆科作物类同。总状花序，花序轴较长，上着生许多对生的花朵，花形较大，翼瓣大于旗瓣，花冠鲜红色。

（蔬菜作物——豆科作物）

大豆（黄豆、青豆、黑豆）

●大豆古时称“菽”，是黄豆、青豆、黑豆的总称。原产中国，已有五千年栽培历史，中国各地均有栽培。现在世界各国栽培的大豆，都是直接或间接由中国传播出去的。是重要粮食、油料和菜品作物。

●大豆的种子含有丰富植物蛋白质和脂肪，营养价值很高，被称为“豆中之王”“田中之肉”“绿色的牛乳”等。在中国，以大豆为原料制作的各种各样豆制品，成百上千，堪称世界之最。最常见的如鲜豆腐、冻豆腐、油豆腐、臭豆腐、豆腐干、豆腐皮、豆腐丝、水豆豉、干豆豉、豆筋、豆腐乳、黄豆芽、酿造酱油等，是烹饪各式美味菜肴的食材，是天然食物中最受营养学家推崇的食物。大豆也是榨取食用油和提取蛋白质重要原料，其榨油后的糟粕又是含蛋白质丰富的牲畜饲料。

大豆为豆科大豆属一年生草本植物。

大豆花形态结构

总状花序，生于叶腋，总花序梗长10~35毫米或更长，通常着生5~8朵无柄的花，植株下部的花有时单生或成对生于叶腋间；花萼披针形，花萼长4~6毫米，密被长硬毛或糙伏毛，常深裂成二唇形，裂片5，披针形；花冠蝶形，花形小，长4.5~8毫米，花瓣紫色、淡紫色或白色，旗瓣倒卵状近圆形，白色，先端微凹并通常外反，基部具瓣柄，翼瓣蓖状，比旗瓣小，基部狭，具瓣柄和耳，龙骨瓣斜倒卵形，具短瓣柄；有雄蕊10枚，二体；子房基部有不发达的腺体，被毛。

（蔬菜作物——豆科作物）

蛾眉豆

●蛾眉豆，又称扁豆。因其豆荚扁平，微弯，形似蚕蛾触角，有的地方叫它蛾眉豆，有的地方叫它扁豆。

●蛾眉豆在我国长江以南地区广为种植，由于对环境条件适应性要求不高，一般在田边地头、坡地种植。

●蛾眉豆的嫩荚和种子可做普通蔬菜炒食或煮食。

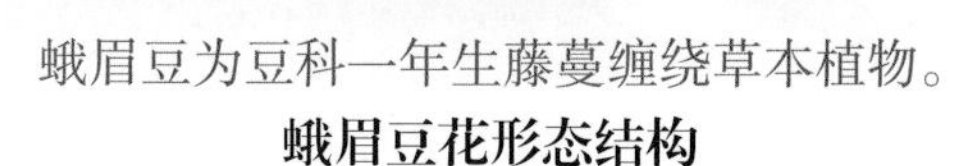

蛾眉豆为豆科一年生藤蔓缠绕草本植物。

蛾眉豆花形态结构

总状花序腋生，花 2~4 朵丛生于花序轴的节上。

花冠蝶形，白色、粉红或紫红色。旗瓣基部两侧有 2 附属体；雄蕊为二体雄蕊，雌蕊柱头长而粗壮，有茸毛和黏液；花柱近顶端有白色短毛，下部弯曲，子房长梭形，基部有腺体，心室 1，有胚珠 5~6 枚。整个花蕊包裹在两瓣合拢的龙骨瓣中。

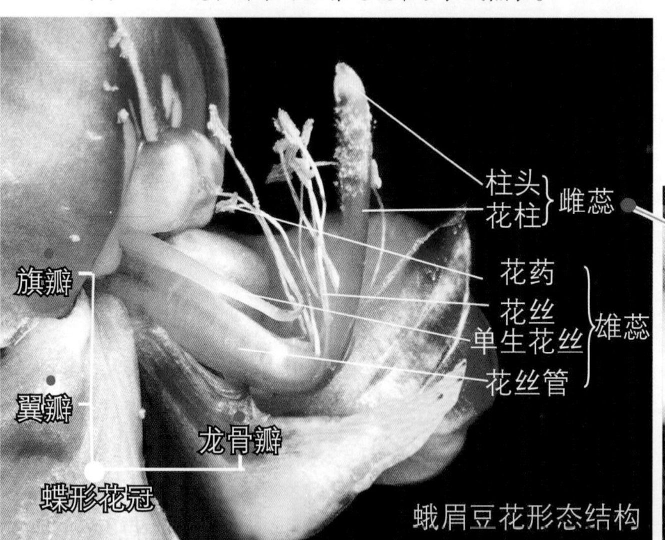

蛾眉豆花形态结构

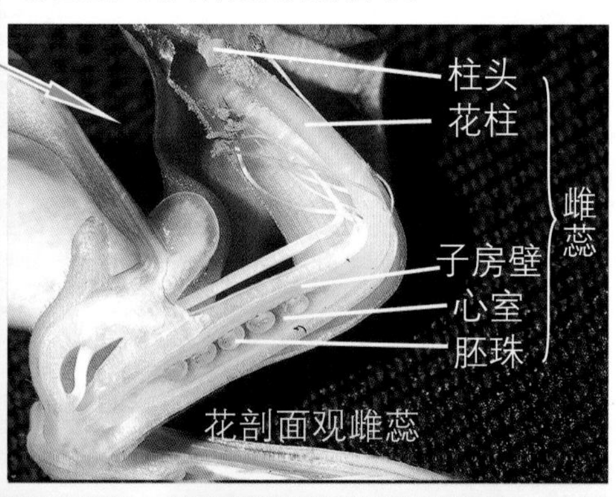

花剖面观雌蕊

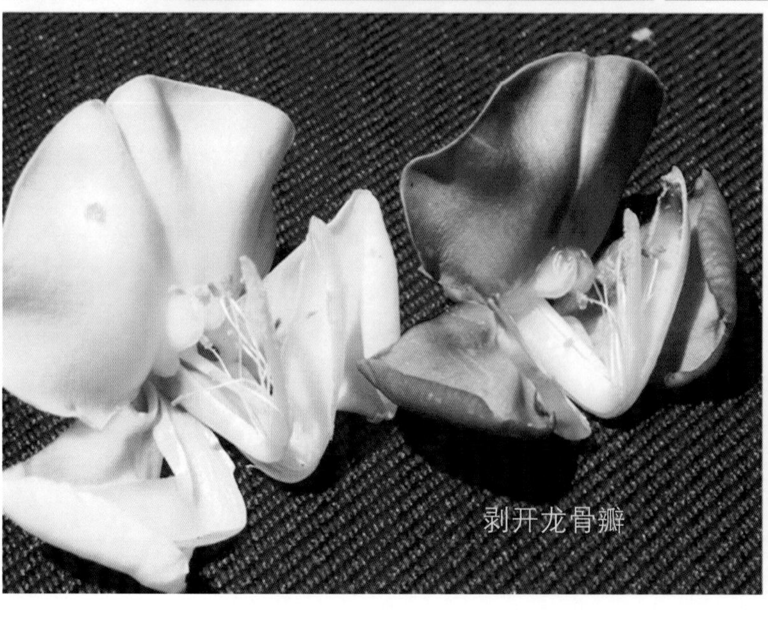

剥开龙骨瓣

（蔬菜作物——豆科作物）

凉薯（豆薯）

●凉薯又称豆薯、地瓜、葛薯、番葛，原产热带美洲。中国长江以南普遍栽培，以贵州、四川、湖南、广东、广西、湖北等地生产较多。

●凉薯是豆科作物中能形成块根的栽培种它的块根肥大，肉洁白脆嫩多汁，富含糖分和蛋白质，还含丰富的维生素.可当水果生食，也可做菜炒食，老熟块根中淀粉含量较高，可提制淀粉。

值得注意的是，其种子和茎叶中含有鱼藤酮，对人畜有毒，不可食用。可用于制杀虫药剂。

凉薯为豆科一年生或多年生缠绕性藤本植物。

凉薯花形态结构

凉薯花形态结构

花为总状花序，自茎基部第5~6节起，每节可抽生花序。花序轴较长，花序有20多节，每节有花2~4枚。花冠浅紫色或淡红色，旗瓣近圆形，中央近基部处有一黄绿色斑块及2枚胼胝状附属物，瓣柄以上有2枚半圆形的耳，翼瓣镰刀形，基部具线形的长耳，龙骨瓣近镰刀形，长1.5~2厘米；雄蕊二体；子房被浅黄色长硬毛，花柱弯曲，柱头位于顶端以下的腹面。

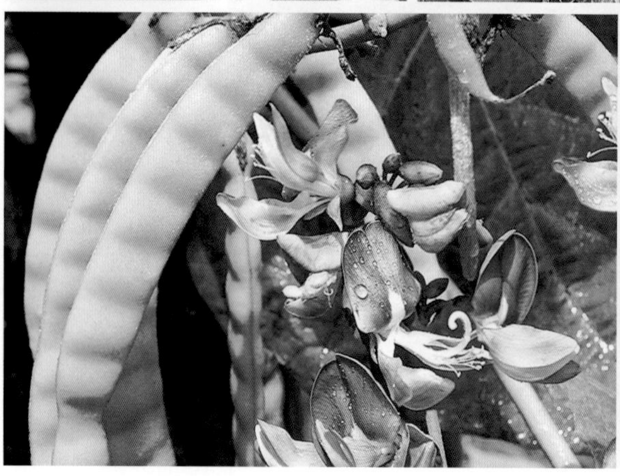

（蔬菜作物——豆科作物）

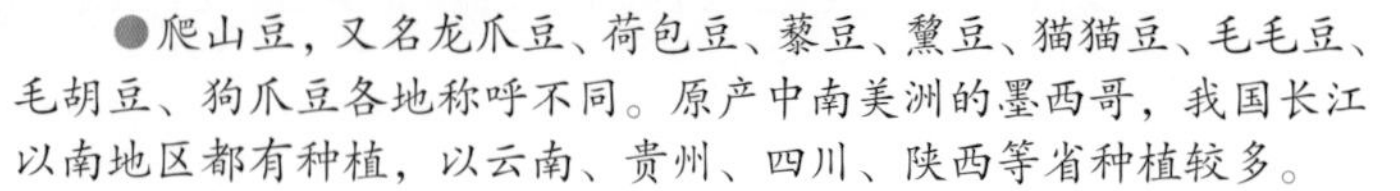

爬山豆（龙爪豆）

●爬山豆，又名龙爪豆、荷包豆、藜豆、黧豆、猫猫豆、毛毛豆、毛胡豆、狗爪豆各地称呼不同。原产中南美洲的墨西哥，我国长江以南地区都有种植，以云南、贵州、四川、陕西等省种植较多。

●嫩荚和籽粒含丰富的蛋白质和矿物质，经煮潦和清水浸泡后可与肉类炒、焖、炖，其味鲜美，风味胜过普通菜豆。但值得注意的是，它的嫩荚和种子有轻微毒素，食用时需先煮沸、浸泡去毒后再于烹饪食用，以免中毒。

爬山豆为豆科一年生或多年生缠绕性草本植物。

爬山豆花形态特征

腋生总状花序，花梗细长，下垂；上对生 10~20 多对花，苞片小，线状披针形；花萼阔钟状，密被灰白色柔毛和有疏刺毛。上部裂片极阔，下部中间 1 枚线状披针形；花冠蝶形，深紫色或白色。龙骨瓣较大，长约 4 厘米，翼瓣略短，旗瓣较小，长约 2 厘米。有雄蕊 10 枚，为二体雄蕊，花丝较长，有雌蕊 1 枚，花柱粗长被花丝管包围；花丝和花柱外露，伸出龙骨瓣外。为异花授粉作物。

（蔬菜作物——豆科作物）

刀 豆

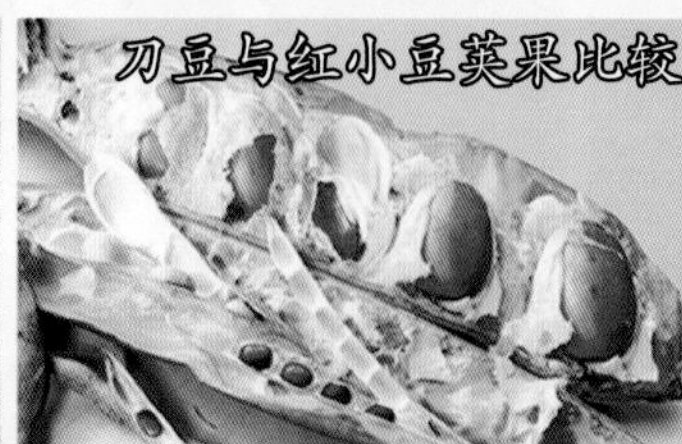

●刀豆又称板豆，皂角豆，属大荚果型豆科作物。原产于南美洲，在我国各地均有种植，以南方为多。

●刀豆以嫩荚食用，质地脆嫩，肉厚鲜美可口，清香淡雅，是菜中佳品，可单作鲜菜炒食，也可和猪肉、鸡肉煮食尤其美味；还可腌制酱菜或泡菜食之。值得注意的是食用刀豆时，一定要炒熟煮透，以免引起食物中毒。

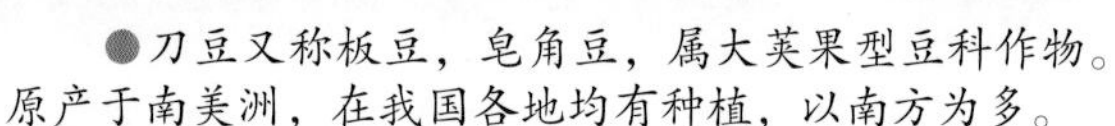

刀豆为豆科一年生缠绕性草本植物。

刀豆花形态特征

总状花序腋生，花疏，有短梗，常2~3朵簇生于花序轴上，萼管状钟形，黄褐色，稍被毛，上唇大，具2裂齿，下唇有3裂齿，卵形；花冠蝶形，淡红色或淡紫色，较大，长3~4厘米，旗瓣宽椭圆形，顶端凹入，翼瓣较短与龙骨瓣等长，均弯曲；有雄蕊10枚，9枚花丝合生，1枚基部稍离生；子房线状，有疏长硬毛，有胚珠多枚。

刀豆是一种大荚果类豆科作物，其鲜荚果肥厚而长大，长达20~30厘米；宽4~6厘米，厚约1.5厘米。

（蔬菜作物——豆科作物）

橄榄豆（油豆）

●橄榄豆又称油豆、油豆角，是我国东北地区特有的菜豆品系。现全国各地均有种植。

●油豆角的嫩荚色泽嫩绿，肉质肥厚，没有筋，营养价值很高，有独特的豆香风味、口感较佳。是人们喜爱的优质菜豆，也是我国很有名气的特种蔬菜。

橄榄豆为豆科一年生蔓生缠绕性草本植物。

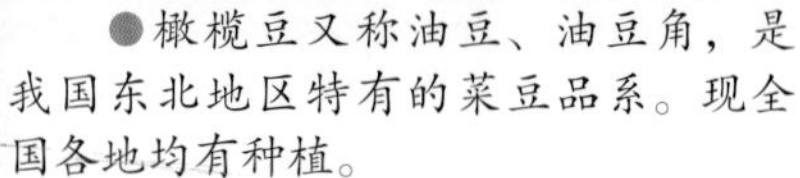

橄榄豆花形态特征

花结构与四季豆花类同。蝶形花冠、淡棕红色、粉红或白色。

（蔬菜作物——豆科作物）

小白芸豆

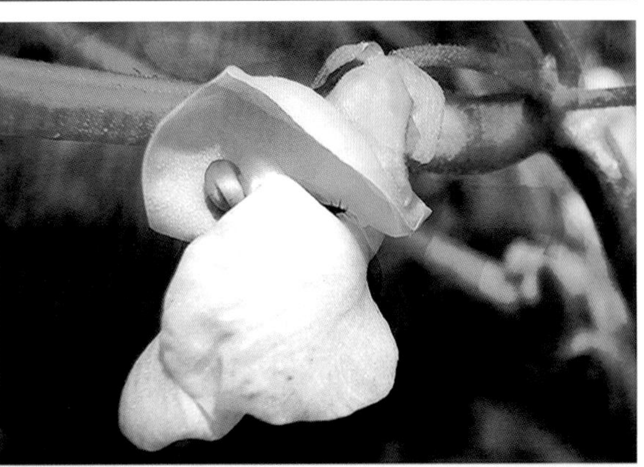

●原产美洲的墨西哥和阿根廷，现在中国的各个省区均有种植，面积较大的省份是云南、贵州、四川等，而云南的大理、丽江、兰坪种植面积较大。是我国出口创汇的重要农产品之一。

●小白芸豆的籽粒呈肾形、比黄豆略大，洁白有光泽，豆粒饱满、质地细腻，富含沙性，食法多样，可煮可炖，作豆馅、豆沙、豆粉、豆奶，做汤菜、烧肉、制罐头或冷饮、糕点、豆酥、甜食小吃等，亦是西餐中常用的名贵食用豆。

小白芸豆为豆科一年生矮生草本作物。

小白芸豆花形态特征

总状花序，花序轴较长，其上着生许多对生的花朵，蝶形花冠，白色，龙骨瓣卷曲。

（蔬菜作物——茄科作物）

番 茄

●番茄，俗称西红柿、洋柿子。原产于南美洲，19世纪作为菜果食用大面积种植，晚清光绪年间引入中国。现已广为种植。

●番茄果实营养丰富，具特殊风味。可做果品生食，也可做菜炒、煮食或加工制成番茄酱、汁或整果罐藏。是全世界栽培最为普遍的果菜之一。

番茄为茄科一年生或多年生草本植物。

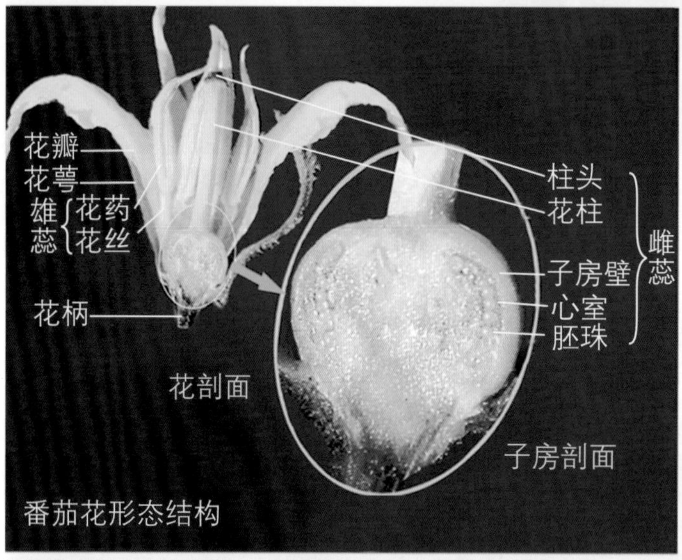

番茄花形态结构

番茄花的形态结构

花为两性花，自花授粉；总状花序，花序轴着生于腋间；花萼5~7裂，裂片披针形至线形，果时宿存；花冠黄色，辐射状，5~7裂，花展直径约2厘米；雄蕊5~7根，着生于花冠筒底部，为冠生雄蕊，花丝短，花药半聚合状，或呈一锥体包裹着雌蕊；子房2室至多室，胚珠多枚，柱头头状。

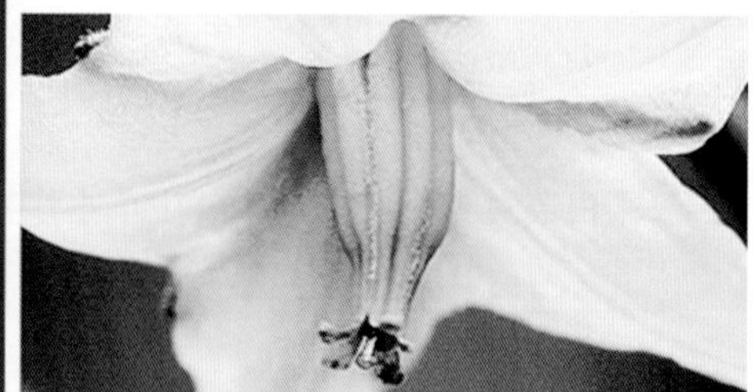

（蔬菜作物——茄科作物）

茄　子

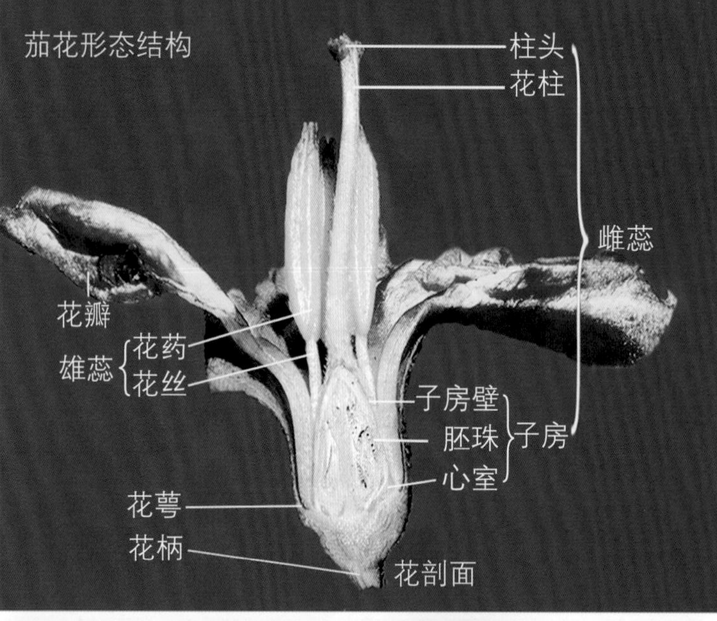

●茄子最早产于印度，传入中国已有两千多年的历史。现今，在全国各地广为栽培。

●茄子以果为食，由于在我国栽培历史悠久，培育出了很多优良品种，从果色看，有紫色、紫黑色、淡绿色、青色、褐色、隐条色、白色等品种，从形状上看、有圆形、椭圆形、梨形、长条形等各种。茄子营养丰富，柔软可口，是人们比较喜爱的夏季蔬菜之一。

茄子为茄科一年生或多年生草本植物。

茄花形态结构

花单生，花柄较长，毛被较密，花后常下垂；萼近钟形，外面密被与花梗相似的星状绒毛及小皮刺，萼裂片披针形，先端锐尖。花冠辐状，5~8瓣，紫色，或深或浅，花瓣背面星状毛被较密，内面仅裂片先端疏被星状绒毛，冠檐长约2.1厘米，裂片三角形；有雄蕊5枚，花丝粗短，花药纺锤形；有雌蕊1枚，子房圆形，顶端密被星状毛，花柱长4~7毫米，中部以下被星状绒毛，柱头浅裂。

（蔬菜作物——茄科作物）

小乳茄（太空茄）

●小乳茄又叫太空茄，是我国第一颗返回卫星所带的茄种，经在太空失重的环境下运行后，取回种植而发生变异的茄子。现在，这种太空所育的茄子，经数代的选育，其遗传性已经基本稳定，在云南等地已有栽培。

小乳茄为茄科一年生草本植物。

小乳茄花形态结构

小乳茄的形态结构与现茄种相比，其变异之处在于它的花序枝变长，着花较多；花冠初开时为白色，后渐变淡紫色；果实变为橘红色，光亮，果形扁圆有楞，似茄似椒，较为独特。单株果重较高。

（蔬菜作物——茄科作物）

辣　椒

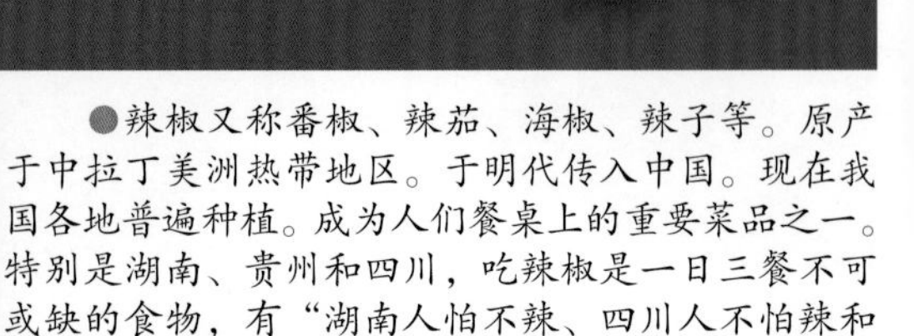

●辣椒又称番椒、辣茄、海椒、辣子等。原产于中拉丁美洲热带地区。于明代传入中国。现在我国各地普遍种植。成为人们餐桌上的重要菜品之一。特别是湖南、贵州和四川，吃辣椒是一日三餐不可或缺的食物，有“湖南人怕不辣、四川人不怕辣和贵州人辣不怕”之说。

●辣椒的品种很多，全世界有 2 000 多种，到底哪种最辣，人们争论不休。2012 年 2 月，美国新墨西哥州大学一项有关辣椒辣度比较的研究发现，有一种南美国家产的同高尔夫球大小名为“蝎子”的辣椒，辣度达到 120 万 ~200 万单位。这比印度“鬼椒”的旧纪录 100 万单位还要高许多，为全世界最辣的辣椒。而人们认为比较辣的四川海天椒、黄金椒为 10.6 万，贵州七星椒 6.0 万单位，湖南小米椒 3.0 万单位，云南朝天椒 2.25 万单位，陕西线椒 1.5 万单位。与世界最辣的辣椒相比，真是小巫见大巫了。

● 2017 年 5 月 17 日，英国皇家园艺学会伦敦展览场，在角逐“年度植物”的展览中，一个名叫迈克・史密斯的威尔士农民，展出了他在培育辣椒时，无意中选出的一种叫作“龙吐气”(dragon'sbrcath) 的辣椒品种，它的辣度指数高达令人胆寒的 248 万单位，又翻新了世界辣椒辣度记录，成为世界上最辣的辣椒。

辣椒为茄科一年或多年生草本植物。

辣椒花形态结构

见左图。

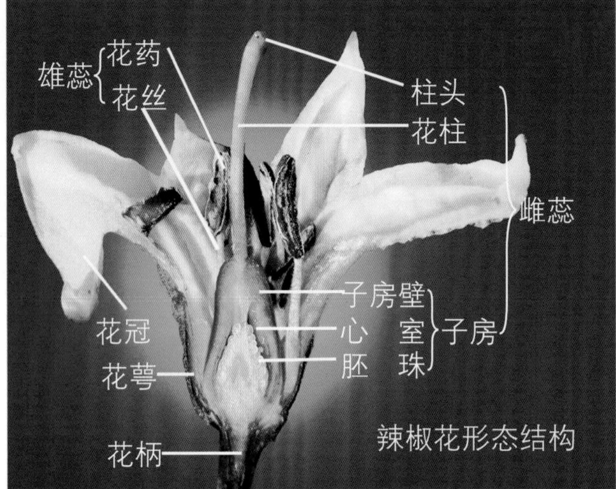

辣椒花形态结构

（蔬菜作物——葫芦科作物）

冬 瓜

●冬瓜原产我国南部及印度，我国南北各地均有栽培。因其老熟的瓜体表皮上分泌出白蜡质粉状物，好似冬天打霜状，且一般在初冬期收获，故人们把它称作冬瓜。

●冬瓜的品种较多，从果实大小分，有的重量可达四五十千克，小的只有1千克左右。从果皮颜色看，有灰白色、黄色、油绿色和绿钳黄斑者。

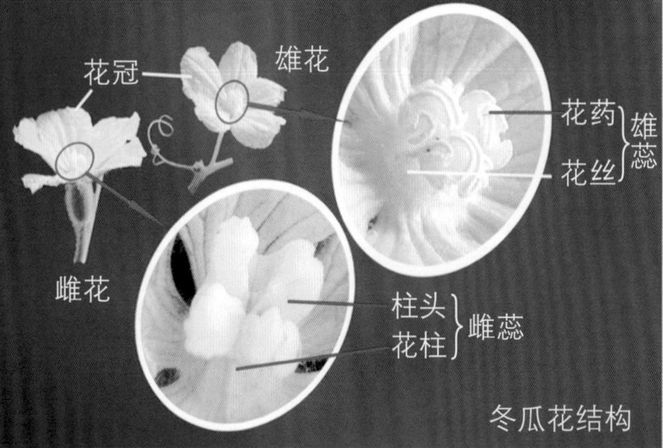

冬瓜花结构

冬瓜为葫芦科一年生草本。

冬瓜花形态结构

冬瓜花结构与葫芦科瓜类作物大体类同，即花单性，雌雄同株异花，花瓣5裂，张开，瓣片脉纹明显。花冠黄色，雌花略大于雄花。见左图。

（蔬菜作物——葫芦科作物）

南瓜

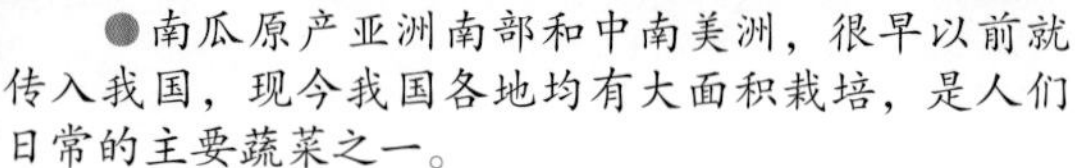

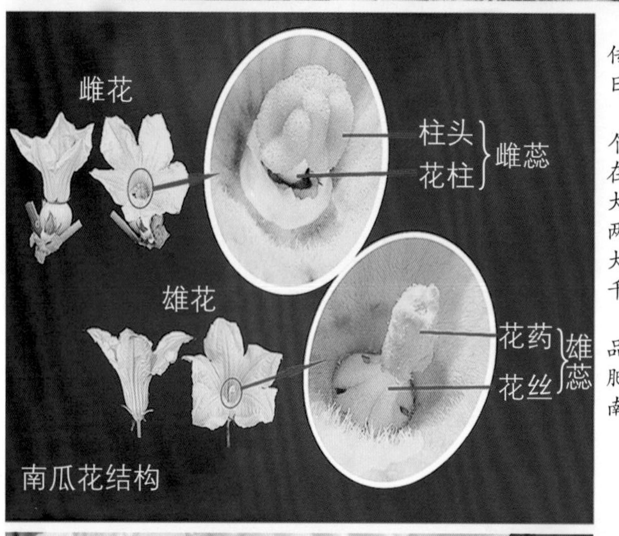

南瓜花结构

●南瓜原产亚洲南部和中南美洲，很早以前就传入我国，现今我国各地均有大面积栽培，是人们日常的主要蔬菜之一。

●南瓜是葫芦科作物中的一个大家族，有上千个成员；其形状、大小和色彩等形态各异，种类繁多，在植物园南瓜种植地的瓜架上，可以看到数百种大大小小、形形色色、奇形怪状的南瓜。小的只有一两百克，大的则有数百千克。美欧一些国家常举行大南瓜比赛，有的瓜农参赛的大南瓜竟然有 1 000 多千克，可谓瓜中之王。

●有一种专门生产瓜子，叫作“打瓜”的南瓜品种，它的果实皮薄，肚子里长满了数以百计大而肥厚的种子。是制作休闲小食品“白瓜子”的绝佳南瓜品种。

南瓜为葫芦科一年生藤蔓或从生草本作物。

南瓜花形态结构

雌雄同株异花。雌雄花单生于叶腋，花冠鲜黄或橙黄色。雄花花梗细长，花托较短，花萼基部形成花被筒，上端分裂，裂片线形，顶端扩大成叶状。花冠钟状，中上部分 5 裂，裂片外展，具皱纹。雄花有雄蕊 5 枚，花药靠合，药室规则“S”形折曲。花粉粒大而重，具黏性，风不能吹走，只能靠昆虫授粉。在蜂源少的地方或在棚室栽培条件下，须进行人工授粉 . 雌花花梗较短，花萼叶状深裂；花冠较雄花大，花冠之下有膨大的子房，子房下位，圆形、条柱形或椭圆形，形态各异，1 心室。雌蕊花柱 3 裂且短，柱头粗壮，各 2 裂。

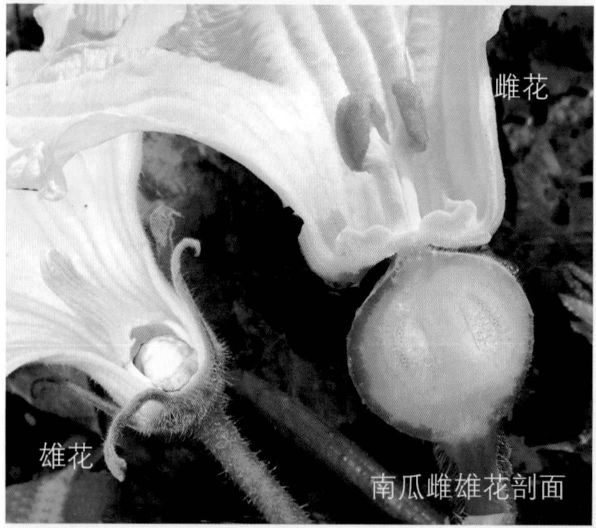

南瓜雌雄花剖面

（蔬菜作物——葫芦科作物）

黄　瓜

●黄瓜，又称胡瓜、青瓜、刺瓜等。原产于西亚地区。西汉时期张骞出使西域带回我国，现在全国各地广为种植。黄瓜亦是世界各国重要的果蔬作物之一。

●黄瓜的品种类型很多，从果实质地看，有菜用、果用、腌渍用等类型。从果形看，有迷你型，果长只有15厘米左右，四川雅安有一种土黄瓜，一根足有四五千克。可谓黄瓜之王。

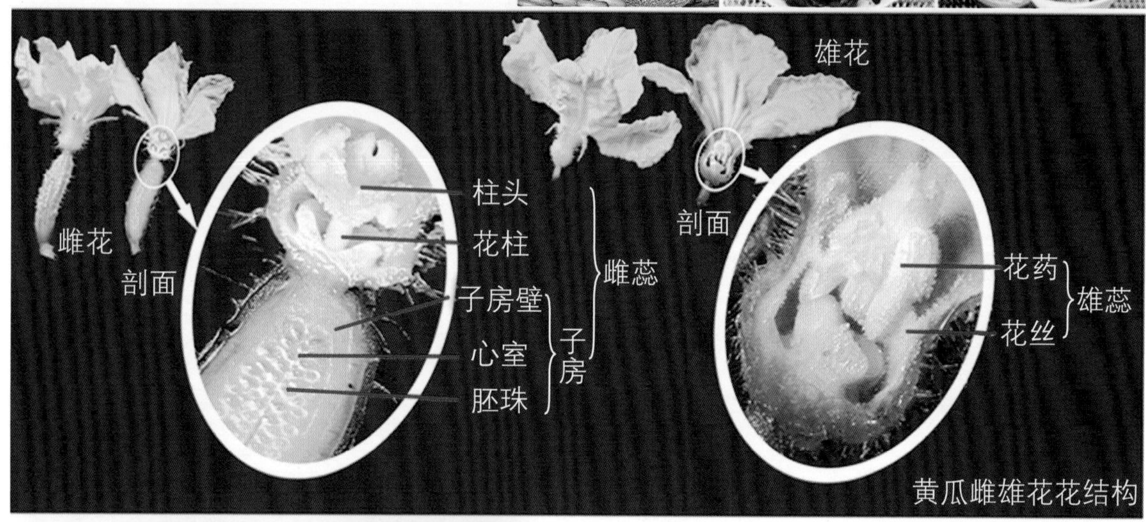

黄瓜雌雄花花结构

黄瓜属葫芦科一年生蔓生或攀缘草本植物。

黄瓜花的形态结构

黄瓜花多为单性花，雌雄同株，腋生。雄花早于雌花出现，常数个簇生；雌花多单生，子房下位，具有单性结实特性。虫媒花，异花授粉。

（蔬菜作物——葫芦科作物）

丝 瓜

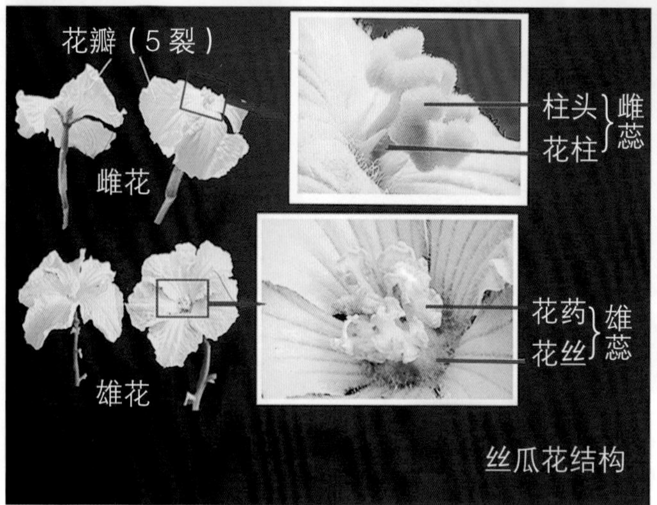

丝瓜花结构

●丝瓜原产于印度尼西亚。大约在宋朝时传入中国，现今在南北各地普遍栽培。成为人们常吃的蔬菜。目前，供蔬菜用的丝瓜主要有两种，即普通丝瓜和有棱丝瓜。前者大江南北均有栽培，后者主要在华南栽培。

●丝瓜的果实老熟后，里面生成相互交织的丝状网络纤维，质地柔韧，人们常常把它作为洗刷炊具及家具的用品，因此，人们称它为丝瓜。

丝瓜属葫芦科一年生攀缘草本植物。

丝瓜花形态结构

丝瓜花单性，雌雄同株。

雄花：花序轴长而粗壮，顶端通常着生15~20朵花，呈总状花序。花萼筒宽钟形，被短柔毛，裂片卵状披针形或近三角形，上端向外反折。花冠黄色，辐状，通常5瓣，开展时直径5~9厘米，裂片长圆形，基部密被黄白色长柔毛，背面具3~5条凸起的脉，脉上密被短柔毛。雄蕊花丝长6~8毫米，基部有白色短柔毛.花初开放时稍靠合，最后完全分离，药室多回折曲。

雌花单生，花梗较长，花冠浅黄色。子房下位，长圆柱状，有柔毛，柱头3，膨大。

（蔬菜作物——葫芦科作物）

苦 瓜

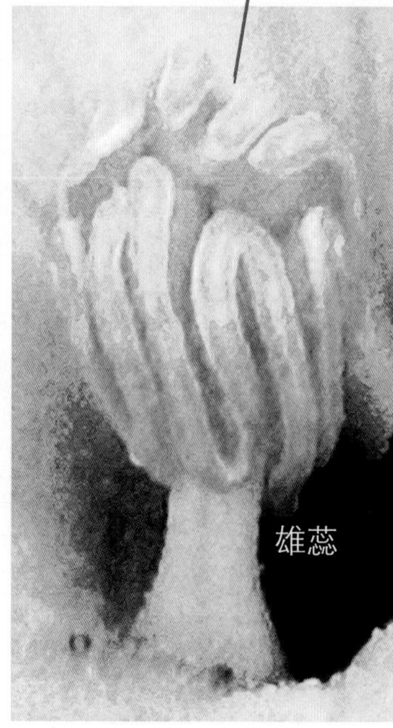

●苦瓜以味而得名，南方人因苦字不好听，又唤做凉瓜。其原产地说法不一，但一般认为是原产于亚热带和热带地区。现在我国各地均有广泛的种植。

●苦瓜虽味苦，然而，人们更取其具有清热消暑、开胃消食的效果而食，仍然受到大众的喜爱，成为夏秋之际不可或缺的蔬菜之一。

●苦瓜除作菜用外，还可切片晒干作茶饮用。亦是南方人夏季清热消暑的饮料之一。

苦瓜为葫芦科一年生攀缘草本植物。

苦瓜花形态结构

花为单性，雌雄同株，雌雄花单生。雄花花萼钟形，萼片5片，绿色，花瓣5片，黄色，具长花柄，绿色。雄蕊3枚，分离，具5个花药，各弯曲近S形，互相联合。雌花花冠具5瓣，黄色；子房下位，花柄较短，有一苞叶，雌蕊柱头5~6裂。

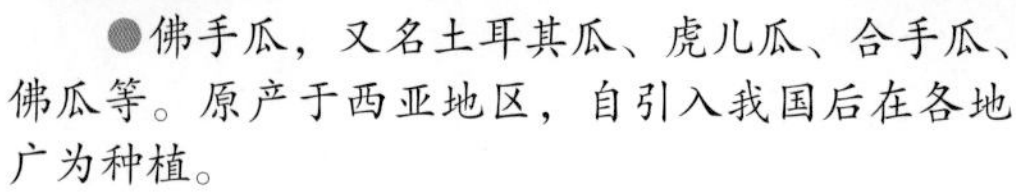

佛手瓜

●佛手瓜，又名土耳其瓜、虎儿瓜、合手瓜、佛瓜等。原产于西亚地区，自引入我国后在各地广为种植。

●佛手瓜果实清脆多汁，味美可口，营养价值较高，既可做菜，又能当水果生吃。加上瓜形似佛手，有祝福之意，深受人们喜爱。

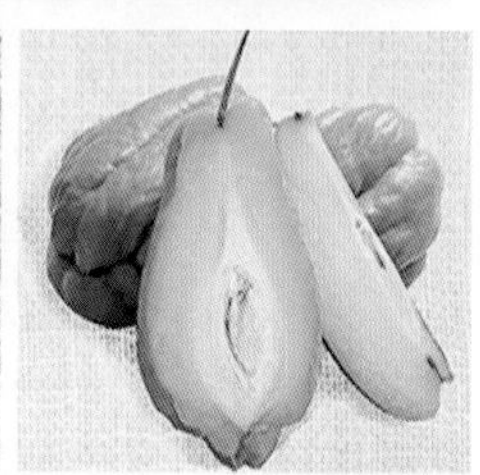

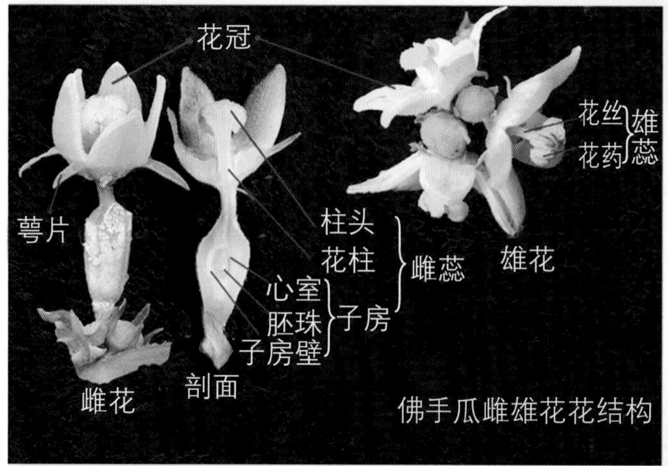

佛手瓜雌雄花花结构

佛手瓜属葫芦科一年或多年生藤本攀缘草本植物。

佛手瓜花的形态结构

佛手瓜雌雄同株异花，雄花多生于子蔓上，开花早；雌花多生于孙蔓上，开花迟于雄花。雄花10~30朵在总花梗的上部呈总状花序，雄花有雄蕊5枚、花丝联合。雌花单生或对生，柱头头状，花柱联合，子房下位1室、仅具1枚下垂胚珠。萼片、花冠均为5片。异花传粉，虫媒花。

（蔬菜作物——葫芦科作物）

葫芦瓜

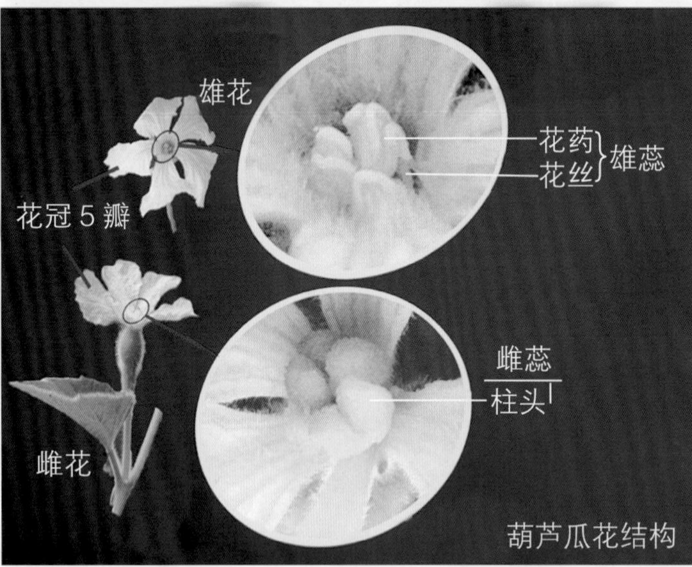

葫芦瓜花结构

●葫芦瓜是瓠瓜的一种；原产于中国，在全国各地均有栽培。葫芦瓜鲜嫩的叶和果实作蔬菜食用，味美可口。此外，它的果实老熟后经一定处理可作生活用具，如酒壶、水瓢、盛物容器。葫芦还是制作工艺品和乐器的重要原材料，著名的乐器"葫芦丝"就是用葫芦制作的。

葫芦瓜为葫芦科一年生蔓性草本植物。

葫芦瓜花形态结构

雌雄异花同株，有时也会产生两性花。花多在夜间以及阳光微弱的傍晚或清晨开放，雄花多着生在主蔓的中下部，雌花则多生在主蔓的上部。侧蔓从第 1~2 节起就可着生雌花，故以侧蔓结果为主。

花结构见左图。

（蔬菜作物——葫芦科作物）

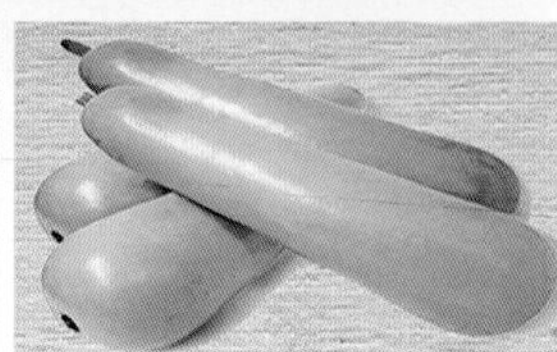

瓠 瓜

●瓠瓜，又称蒲瓜，俗称瓠子。中国是瓠瓜的原产地，种植历史悠久，现在我国南北各地都有栽培，南方栽培普遍，近几年北方也开始引种栽培。

●其食用部分为嫩果，瓠瓜品质细嫩柔软，稍有甜味，去皮后全可食用。可炒食或煨汤，是民间夏季常吃的佳肴。

瓠瓜为葫芦科一年生蔓性草本植物。

瓠瓜花形态结构

瓠瓜花的形态结构与葫芦瓜类同，雌雄异花同株。有时也产生两性花。单花腋生，花大白色，花柄甚长。花多在夜间以及阳光微弱的傍晚或清晨开放。雄花多生在主蔓的中部下部，雌花则多生在主蔓的上部。侧蔓从第 1~2 节起就可着生雌花，故以侧蔓结果为主，一般全蔓着生雌花晚，侧蔓 1~2 节即可发生雌花。

（蔬菜作物——葫芦科作物）

蛇　瓜

●蛇瓜，别名蛇豆、蛇丝瓜、大豆角等，原产于印度、马来西亚，广泛分布于东南亚各国和澳大利亚栽培，中国只有零星栽培，近年来有些地方有较大面积种植，用以观赏兼食用。其嫩果和茎叶作为蔬菜食用。

●它的果实长条形，两端尖细，长达两米多，常常扭曲，酷似一条蛇，故此人们把它叫作蛇瓜。

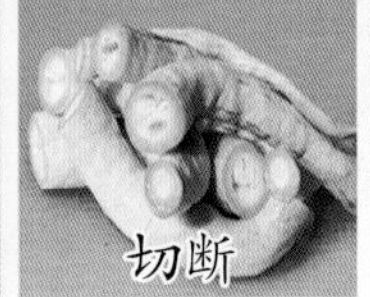
切断

虾仁烩蛇瓜

辣酱炒蛇瓜

蛇瓜为葫芦科栝楼属中的一年生攀缘性草本植物。

蛇瓜花形态结构

花单性，雌雄同株异花。花冠5瓣，白色，花瓣顶端分裂为丝状，有分叉且弯曲。雄花略小于雌花。雄花多为总状花序，雄花的发生早于雌花；雌花单生，一般在主蔓20~25节处才开始着生，以后主蔓、侧蔓均能连续着生雌花。

（蔬菜作物——葫芦科作物）

鼠　瓜

●鼠瓜与蛇瓜是兄弟物种，原产地和种植状况，均与蛇瓜相同。

●与蛇瓜不同之处在于它的果实形状粗短，两头尖，形似一只小老鼠，也因此把它叫作鼠瓜。嫩瓜时果皮绿白相间，果肉淡绿；成熟的老瓜变红。

鼠瓜为葫芦科栝楼属中的一年生攀缘性草本植物。

鼠瓜花形态结构

鼠瓜的花结构与蛇瓜类同，只是花冠略大于蛇瓜，丝状花冠略微下垂。

（蔬菜作物——葫芦科作物）

木鳖子瓜

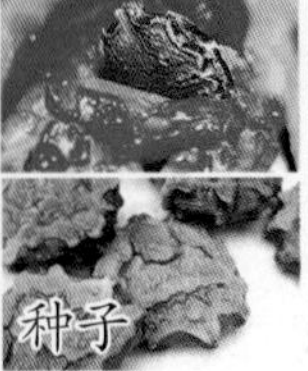

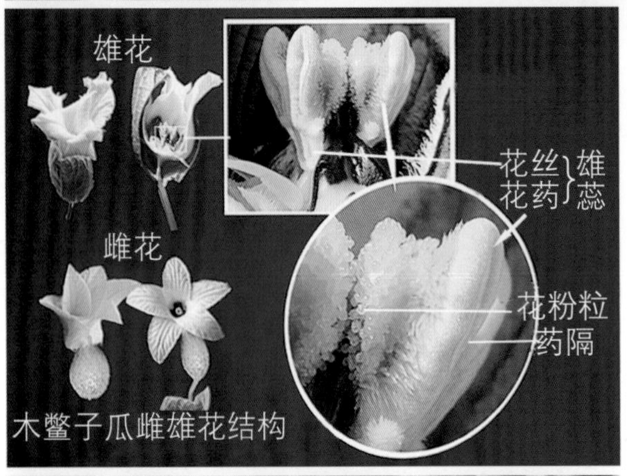

木鳖子瓜雌雄花结构

●木鳖子瓜果实的果肉可作蔬菜食用，当地人常把红色的瓜瓤和种子包衣作为天然食品染料，在过年过节和喜庆日子时做红色的糍粑、年糕和红喜饭，增加喜庆的气氛。它的种子是一味重要的中药材。

●木鳖子瓜别称：糯饭果、番木鳖、鳖籽瓜等。因它的种子较大，形似龟鳖，故名鳖籽瓜。产地主要分布在我国沿海的福建、台湾、广东、广西及云南、江苏、安徽、江西等地。多生长在屋前屋后，沟边、河边和林边，也有的地方较大面积种植。

木鳖子瓜为葫芦科苦瓜属藤蔓缠绕多年生草本植物。

木鳖子瓜花形态结构

木鳖子花为雌雄异株。

雄花：单生于叶腋，花梗粗壮，长6~12厘米，顶端生一大型苞片；苞片无梗，兜状，圆肾形，长3~5厘米，宽5~8厘米，顶端微缺，全缘，有缘毛，基部稍凹陷，两面被短柔毛，内面稍粗糙；花萼筒漏斗状，裂片宽披针形或长圆形，先端渐尖或急尖，有短柔毛；花冠黄色，花瓣5片，裂片卵状长圆形，先端急尖或渐尖，基部有齿状黄色腺体，腺体密被长柔毛，外面两枚稍大，内面3枚稍小，基部有黑斑；雄蕊3枚，花药较大，药室回折曲。

雌花：单生于叶腋，花梗长5~10厘米，近中部生一苞片；苞片兜状，长、宽均为2毫米；花冠、花萼同雄花；子房卵状长圆形，长约1厘米，密生刺状毛。

木鳖子雄花结构

木鳖子雌花结构

（蔬菜作物——菊科作物）

莴 笋

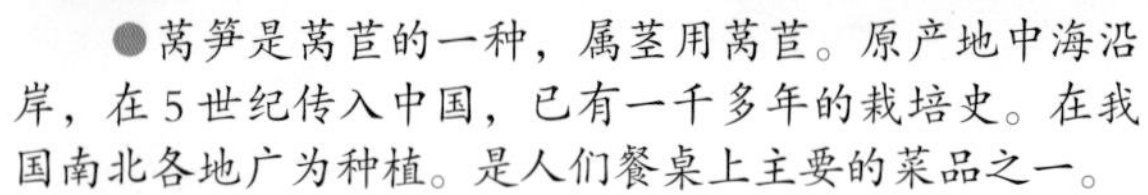

●莴笋是莴苣的一种，属茎用莴苣。原产地中海沿岸，在5世纪传入中国，已有一千多年的栽培史。在我国南北各地广为种植。是人们餐桌上主要的菜品之一。

●莴笋在我国长期的栽培中，培育出了许多优良品种，有青笋、黄笋，白笋之分，以青笋为优。莴笋的肉茎质地细嫩，茎可生食、凉拌、炒食、干制或腌渍。

莴笋为菊科莴苣属一二年生草本植物。

莴笋花形态结构

莴笋花与菊科作物的形态结构基本类同。头状花序每一花序有花20朵左右，花较小，黄色，花瓣上缘呈锯齿状分裂，花托膨大形成的总苞杯状，苞片交错重叠；自花授粉，有时也会发生异花授粉。

留种地开花植株

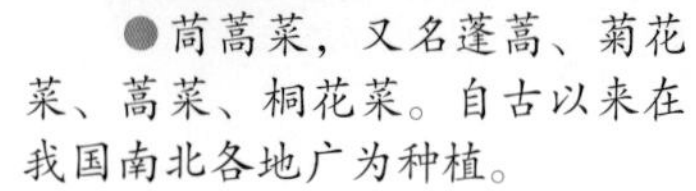

（蔬菜作物——菊科作物）

茼蒿菜

●茼蒿菜，又名蓬蒿、菊花菜、蒿菜、桐花菜。自古以来在我国南北各地广为种植。

●一种常见的绿叶蔬菜作物，茼蒿具特殊香味，幼苗或嫩茎叶供生炒、凉拌、做汤等食用。浓而鲜美。

茼蒿菜花的两种花冠

茼蒿菜为菊科一年或二年生草本植物。

茼蒿菜花形态结构

茼蒿菜的花，具有菊科植物的典型特征。头状花序，其花为聚合花。花轴顶端的花托膨大呈盘状，上着生许许多多无柄或短柄小花。其边缘的小花为舌形花冠，中部为筒状花冠。花以黄色为主，有的品种外缘的舌状花冠上部为白色，下部和中央的筒状花冠为淡黄色。

（蔬菜作物——菊科作物）

生　菜

生菜花两种花冠

●生菜，又名莴苣。莴苣在我国种植的历史悠久。近些年，从欧洲引进的莴苣品种生菜，已在各地广为种植。

●生菜的嫩茎营养丰富，可做沙拉生食，可烹炒、煮食。是人们喜爱的一种蔬菜。

生菜为菊科一年生草本植物。

生菜花的形态结构

头状花序，舌状花冠的小花，蓝色、紫色或淡白色。雄蕊花丝联合呈管状，深蓝色，花药聚合；雌蕊花柱细长，伸出花丝管外，柱头 2 分叉，蓝色；总苞圆柱状；总苞片 6 层，外层披针形至卵形，下半部坚硬，上半部草质。

（蔬菜作物——菊科作物）

血皮菜

●因其幼叶叶面深绿色，叶背紫红或深红色，色彩浓艳匀称而有光泽，故此人们把它称作“血皮菜”。

血皮菜为菊科多年生草本植物。

血皮菜花形态结构

血皮菜的着生花为头状花序。总苞钟桶状，直径约 10 毫米。总苞片 1 层，约 13 个，线状披针形或线形，顶端尖或渐尖，边缘干膜质，背面具 3 条明显的肋，无毛。基部有 7~9 个线形小苞片；筒状花两性，小花橙黄色至红色。花冠明显伸出总苞，管部细，长 10–12 毫米；裂片卵状三角形；雄蕊花丝较短，隐置于花冠内，花药基部圆形，或稍尖；雌蕊花柱 2 分枝钻形，伸出筒状花冠之外，柱头长柱状披绒毛。有黏液。

（蔬菜作物——菊科作物）

雪莲果

●雪莲果又叫菊薯，原产于南美洲安第斯山地区。20 世纪 80 年代引入我国。在华南、西南地区普及种植，现种植面积和产量迅速增长。除供国内需求外，也成为出口的主要菜品之一。

●雪莲果其实不是果，其食用部分为地下块根，其形似红薯，可当果生食，微甜脆嫩，亦可炒食和煮食。

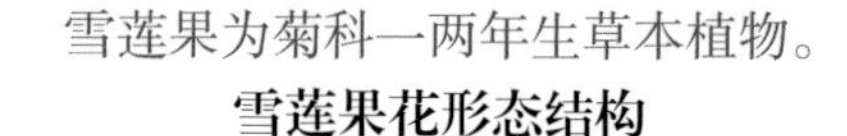

雪莲果为菊科一两年生草本植物。

雪莲果花形态结构

雪莲果花形态结构具有典型的菊科作物特征，头状花序着生舌状和管状两种完全花（见左图）。

（蔬菜作物——菊科作物）

食用蒲公英

●食用蒲公英，原为野生，人们常作为野菜寻找采食，但它枝叶瘦小，采摘不易。近来经过农业科技工作者精心培育出了嫩枝叶丛生而肥厚的栽培品种，现已在许多地方人工栽培，受到人们的青睐。

●其取食部分为嫩枝叶，可炒食或焯水后拌食，尤以拌食口味最佳。

食用蒲公英为菊科一年生草本植物。

食用蒲公英花形态结构

食用蒲公英花的形态结构与其他菊科作物基本类同。区别在于其头状花序上全由数十朵两性、能结实的舌状花构成，舌状花轮状重生，中心管状花极少或无；雌蕊花柱较长，柱头二分叉；总苞壶状。

（蔬菜作物——菊科作物）

菊芋（洋姜）

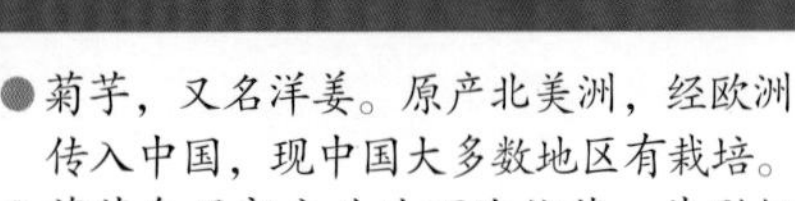

- 菊芋，又名洋姜。原产北美洲，经欧洲传入中国，现中国大多数地区有栽培。
- 菊芋食用部分为地下块状茎，其形似姜块，故称洋姜。用来炒食，甘甜清脆，用来腌制酱菜，甜脆可口。是人们喜爱的蔬菜之一。

菊芋为菊科宿根性草本植物。

菊芋花形态结构

菊芋的花为头状花序，较大，单生于枝端，有1~2个线状披针形的苞叶，直立，总苞片多层，披针形，顶端长渐尖，背面被短伏毛，边缘被开展的缘毛；托片长圆形，背面有肋、上端不等三浅裂。

总苞内边缘的舌状花通常有12~20个开展，长椭圆形，花冠纯黄色，舌状花为不完全花，花蕊退化；总苞中央的管状花，为完全花，花冠下部呈管状，上部5裂，为深黄色，其雄蕊花丝联合呈管状，棕黄色。花药聚合于花丝管顶端；雌蕊花柱于花丝管中，柱头伸出管外，二分叉，弯曲，黄色。

（蔬菜作物——菊科作物）

苹果菜

●苹果菜是一种特种蔬菜。用其深绿色的针状叶和白色的花做汤菜或炒食，具有浓厚的苹果味，人们把它称作苹果菜。

●苹果菜现种植面积不大，在成都蔬菜示范园有少量种植。产品仅供宾馆、饭店作稀特菜品使用。今后有待开发推广。

苹果菜为菊科一年或多年生草本植物。

苹果菜花的形态结构

苹果菜的花结构与其他菊科作物的结构基本类同。它的花托膨大呈圆锥状，突出，管状花冠着生于上，边缘为舌状花，白色。

（蔬菜作物——菊科作物）

刺甲菜

●刺甲菜是一种叶缘有刺野草，新中国成立前许多地方灾荒不断，灾民们常采来煮食，用以充饥。现今人们一样采摘，把它作为野菜用来加肉烹炒，确是另一番滋味，吃起来柔嫩清香，味美可口。成为人们喜爱的一种野菜。

●近来，经农业科技工作者的努力，培育出了叶大而肥厚、刺软的刺儿菜。现在，有些地方已开始较大面积栽培，以满足人们对它的食欲。

刺甲菜属菊科一年生草本植物。

刺甲菜花形态结构

刺甲菜花的形态结构与其他菊科作物的花大体类同。现培育出的黄花和紫花两种栽培种，黄花刺儿菜为舌形花冠两性花，紫色刺儿菜为管状花冠两性花。

十字花科作物

●在蔬菜作物中十字花科蔬菜是个大家族，种类繁多，广布于全世界，有 3 200 多种，在中国种植 400 多种。现在这个大家族的成员绝大多数来源于产于地中海地区的甘蓝、中西亚的黑芥和产于东亚的白菜相互结缘所衍生的后代物种。

我们常见的十字花科蔬菜作物有四大类。

甘蓝类：结球甘蓝、椰菜花 、芥蓝、白花薹菜、球茎甘蓝等。

芥菜类：叶芥菜、茎芥菜、根芥菜、薹芥菜、芽芥、子芥等。

白菜类：小白菜、菜心、大白菜、油白菜、紫菜薹、红菜薹等。

萝卜类：萝卜。

●十字花科蔬菜是全世界各国人们餐桌不可或缺的菜品。吃法多样，中餐西餐都适合。它能烹炒、做汤、凉拌、腌渍、制泡菜，有的可以做沙拉生食。芥菜的种子还可制作具有辛辣芳香，对口舌有强烈刺激，味道十分独特的美味调料“芥末”。

十字花科蔬菜为一年或二年生草本植物。

十字花科花结构特征

花多数聚集成一总状花序，顶生或腋生，当花刚开放时，花序近似伞房状，以后花序轴逐渐伸长而呈总状花序。花两性，整齐；萼片 4，分离，排成 2 轮；花冠 4 瓣，分离，对称排列呈十字形，上部开展，下部呈爪；有白、黄、粉红、红色、淡紫、紫色，有的带深色花纹。雄蕊通常 6 枚，4 长 2 短，称四强雄蕊，在花丝基部常具蜜腺；雌蕊 1 枚，子房上位，由 2 心皮组成，常有假隔膜分成 2 室，每室有胚珠多数，生于侧膜胚座上，排列成 1 行或 2 行。

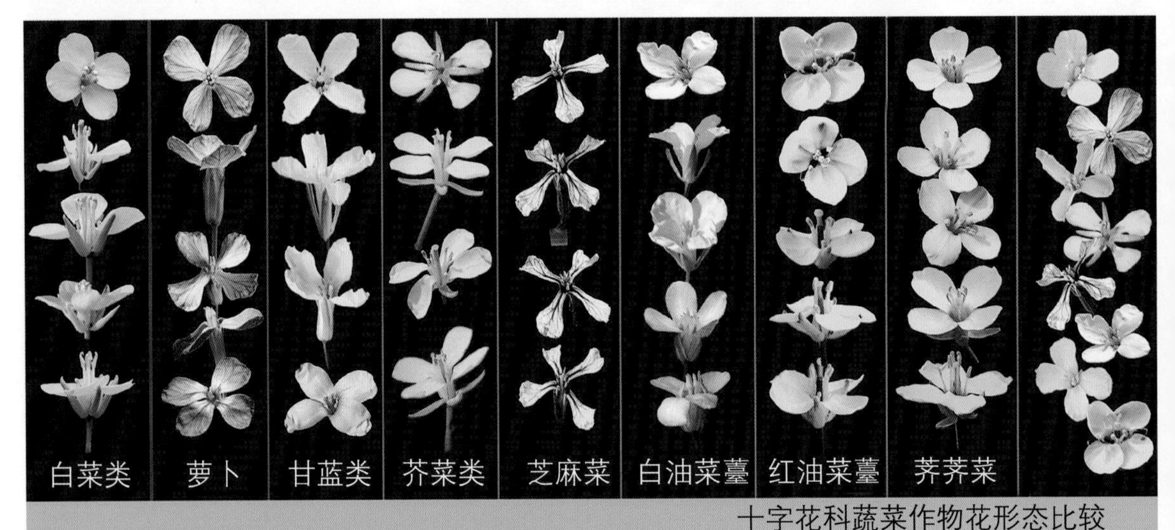

十字花科蔬菜作物花形态比较

大白菜
萝卜
莲花白
红油菜薹
芝麻菜
白油菜薹
棒棒菜
花椰菜

(蔬菜作物——十字花科作物)

大白菜

●大白菜，是一种原产于中国的蔬菜，又称“结球白菜”“包心白菜”“黄芽白”等，在我国南北各地均有栽培。主要产区在长江以北地区。大白菜在明朝时由中国传到朝鲜，19世纪传入日本和欧美各国。

大白菜品种繁多，基本有散叶形、花心形、结球形和半结球形几类。

●大白菜的吃法很多，可供炒食、煮食、凉拌、做馅，还可加工腌制成酸菜、泡菜，是中国最为普及，百吃不厌的大众蔬菜之一。

大白菜为十字花科一年生草本植物。

大白菜花形态特征

复总状花序，完全花，花冠黄色，花瓣4片，圆形，基部有爪，十字形排列；有雄蕊6枚，花丝4长2短，为四强雄蕊；雌蕊1，位于花的中央。异花授粉，虫媒花。

（蔬菜作物——十字花科作物）

瓢儿白菜（油白菜）

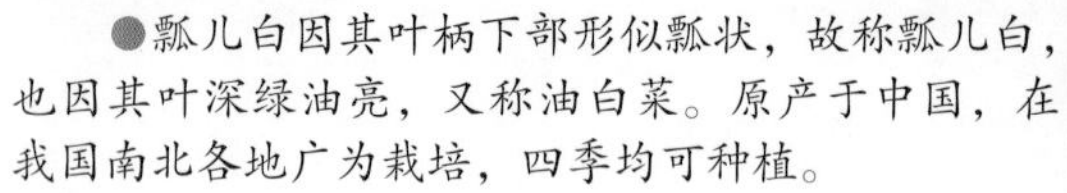

●瓢儿白因其叶柄下部形似瓢状，故称瓢儿白，也因其叶深绿油亮，又称油白菜。原产于中国，在我国南北各地广为栽培，四季均可种植。

●瓢儿白菜的叶柄肥厚脆嫩，炒食味美可口，口感甚佳且含有多种营养素，维生素C含量丰富，是城乡居民喜爱的绿色叶用蔬菜之一。

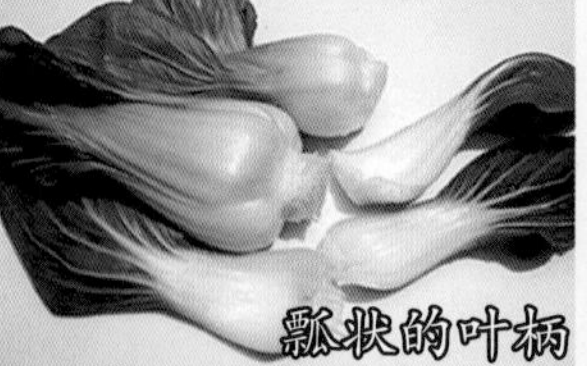

瓢儿白花结构

瓢儿白菜属十字花科一年生草本植物。

瓢儿白菜花形态结构

瓢儿白菜的花结构与其他十字花科植物类同。即花冠4瓣，黄色，为典型的十字花冠。有雄蕊6枚，4长2短，为4强雄蕊（见左图）。

（蔬菜作物——十字花科作物）

黄油菜薹

●黄油菜薹又称菜心、菜薹、油菜薹，起源于中国南部，是我国南方的特产蔬菜之一，主要分布在长江以南各地，以广东、广西、福建、台湾等地为多。现世界各地均有引种栽培。

●油菜薹，以花薹供食用。品质柔嫩、风味可口，并能周年栽培供应，故而在广东、广西等地为大路性蔬菜。也是运销香港、澳门和远销欧美等地的主要菜品。

黄油菜薹为十字花科一年生草本植物。

黄油菜薹花形态特征

黄油菜薹花的形态结构与大白菜的花基本类同，花排列成总状花序；花萼4片，分离，狭而直立；花冠4瓣，十字形排列，黄色；雄蕊4强；雌蕊1枚，子房上位，1室，柱头头状；蜜腺发达。

（蔬菜作物——十字花科作物）

萝 卜

●萝卜原产中国，各地均有栽培，全国各地广为种植，品种极多。为我国主要蔬菜之一。

●萝卜的肉质块根是食用的主要部分，其形状各异，有长圆形、球形或圆锥形，块根皮有红色、绿色、白色、粉红色或紫色等。萝卜营养较为丰富，且具有预防疾病的效果。因此，民间有"萝卜上市，郎中没事"之说。

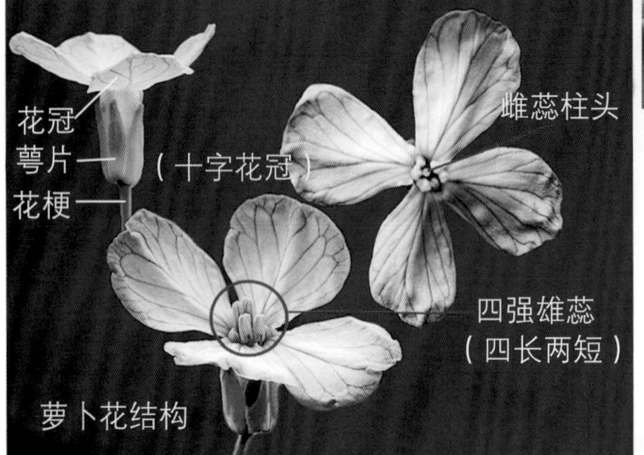

萝卜花结构

萝卜为十字花科一二年生草本植物。

萝卜花形态结构

总状花序，顶生及腋生。由顶芽抽生的花茎为主茎，其花冠因品种不同各异，有红、淡粉红、紫红或白等色。如青皮萝卜的花多为紫色，而红皮萝卜的花多为白色。萝卜花结构与十字花科作物的花大体类同，即十字形花冠、四强雄蕊等。

（蔬菜作物——十字花科作物）

红油菜薹

●红油菜薹又称红菜薹、芸菜薹、紫菜薹等。原产于我国长江流域的湖北等地，栽培历史悠久，早在一千多年前的唐代时已因名菜贡品而盛名。现今产地较广，湖北、湖南、江西、四川、云南等地为主产区。

●红油菜薹以其嫩花葶和花蕾为食，它外皮鲜紫红色，内肉质白色细嫩，可清炒、醋炒，亦可麻辣炒。其色碧中带紫，色香味美，鲜嫩爽口，略带苦味，别具风味，为佐餐之佳品，南方人尤为喜食。

红油菜薹为十字花科芸薹属一年生草本植物。

红油菜薹花形态特征

红油菜薹的花结构与其他十字花科的花类同，不同之处在于它的花序轴、花枝花梗为紫红色，花冠金黄色，雌蕊花柱、子房为淡红色。

（蔬菜作物——十字花科作物）

白油菜薹（芥蓝）

●白油菜薹（芥蓝），又名白花芥蓝、白花菜薹、绿叶甘蓝、芥蓝菜、盖菜，我国栽培历史悠久，在长江以南都有栽培，主产区有云南、广东、广西、福建和台湾等省区，是中国的特产蔬菜之一。

●芥蓝以肥嫩的花薹和嫩叶供食用，菜薹柔嫩、鲜脆、清甜、味鲜美，它的营养胜于其他甘蓝类蔬菜，可炒食、汤食，或作配菜。是家庭和餐馆中的时髦菜肴。

白油菜薹花形态结构

白油菜薹为十字花科芸薹属一年生草本植物。

白油菜薹花形态特征

芥蓝花白色；排列成长的总状花序；花萼4片，分离，狭而直立；花冠4瓣，展开如十字形；雄蕊4强；雌蕊1，子房上位，1室，柱头头状；蜜腺发达。

（蔬菜作物——十字花科作物）

莲花白

●莲花白又名结球甘兰、卷心菜、洋白菜、疙瘩白、包菜、圆白菜、包心菜等。原产于地中海地区。16世纪开始传入中国。在中国各地普遍栽培。它具有耐寒、抗病、适应性强、易贮耐运、产量高、品质好等特点，是我国各地一年四季的佳蔬。它亦是世界性菜品，特别受到欧美西方国家人们的青睐，视其为菜中之王。是每日餐桌上不可或缺的食物。

●莲花白适于炒、炝、拌、熘、做汤，做馅心，也可做沙拉生食等。

莲花白为十字花科芸薹属二年生草本植物。

莲花白花形态特征

莲花白的花结构与其他十字花科植物类同。花为总状花序，花冠4瓣，淡黄色，呈十字排列，花瓣倒卵形，顶端圆形，基部有爪；花萼4片，分离，长圆形，直立，雄蕊6枚，为四强雄蕊，花丝基部有蜜腺；雌蕊1枚，子房上位，由2心皮组成，常有假隔膜分成2室，每室有胚珠多枚。

（蔬菜作物——十字花科作物）

苤 蓝

●苤蓝是甘蓝的一种，学名叫球茎甘蓝，原产地中海沿岸，由叶用甘蓝变异而来。在欧洲栽培最为普遍。16世纪传入中国，现中国各地均有栽培。按球茎皮色分绿、绿白、紫色三个类型。

●苤蓝以膨大的肉质球茎和嫩叶为食用部位，球茎脆嫩清香爽口，适宜凉拌和做沙拉鲜食；也可炒食、做汤和腌制等。

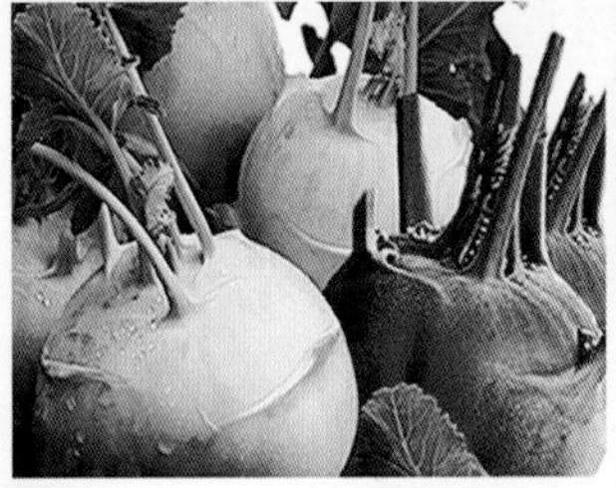

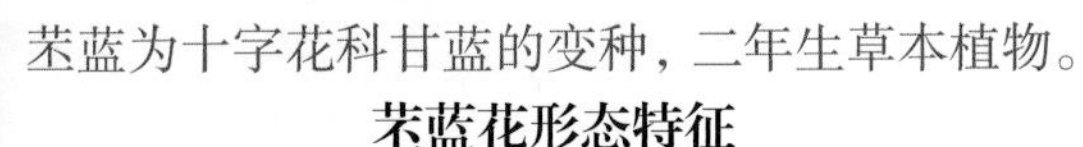

苤蓝为十字花科甘蓝的变种，二年生草本植物。

苤蓝花形态特征

苤蓝抽薹、开花、结果。花器官结构及开花授粉习性与结球甘蓝同。花淡黄色；排列成长的总状花序；花萼4片，分离，狭而直立；花冠4瓣，展开如十字形，花瓣长卵形；雄蕊4长2短，为4强雄蕊；雌蕊1枚，子房上位，柱头头状。

（蔬菜作物——十字花科作物）

花椰菜

这里所说的花椰菜是青花菜、白花菜和宝塔花菜的总称，它们都是由甘兰衍生的蔬菜物种。

●青花椰菜因其花蕾青绿色，故称青花菜，又称绿菜花，也就是我们美称为“西兰花”的蔬菜。原产于地中海东部沿岸地区。目前我国南北方均有栽培，它在我国的栽培历史较短，仅有几十年的时间。虽然近些年才走上中国人的餐桌，但已成为一种很受人们欢迎的蔬菜之一。

●花椰菜中的营养成分，不仅含量高，而且十分全面，营养成分位居同类蔬菜之首，被誉为“蔬菜皇冠”。

花椰菜为十字花科一年或二年生草本植物。

花椰菜花形态特征

花椰菜的花结构与结球甘兰的花类同，为总状花序；花萼4片，分离，长圆形，直立；花冠淡黄色，花瓣倒卵形，顶端圆形，基部有爪。

（本图为青花菜和宝塔花菜的花）

(蔬菜作物——十字花科作物)

棒菜(茎用芥菜)

●棒菜又名笋子芥、芥菜头、青菜头。其特点是茎部膨大呈肥胖的棒状肉质，似青笋，在我国西南地区及长江流域各地栽培较为普遍，以四川盆地的肉质茎更为粗肥，品质最优。

●棒菜的食用部分为叶柄和肉质茎。肉质茎肉白质嫩，多汁味甜。食法多样，可以炒食，凉拌，煮汤，可腌渍泡菜和咸菜干等。

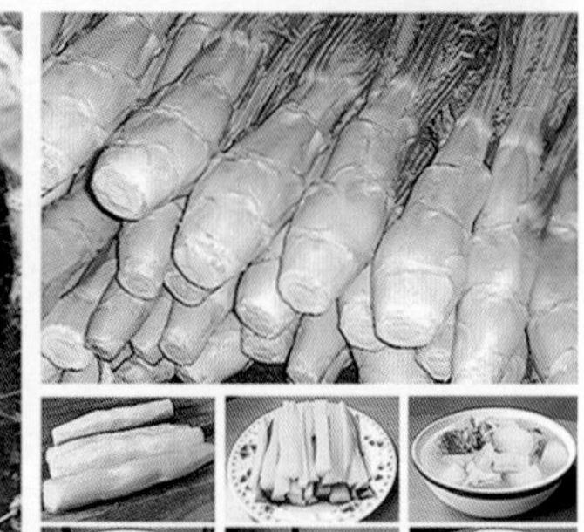

棒菜为十字花科芥菜类一年生草本植物。

棒菜花形态结构

总状花序，顶生。花萼4片，淡绿色，分离，排成2轮，平展；花瓣4片，分离，成十字形排列，花瓣淡黄色，长卵形，顶部圆，基部有爪；雄蕊6枚，4长2短，为四强雄蕊，在花丝基部具蜜腺；有雌蕊1枚，子房上位，2室，每室有胚珠多个，柱头头状。

（蔬菜作物——十字花科作物）

芝麻菜

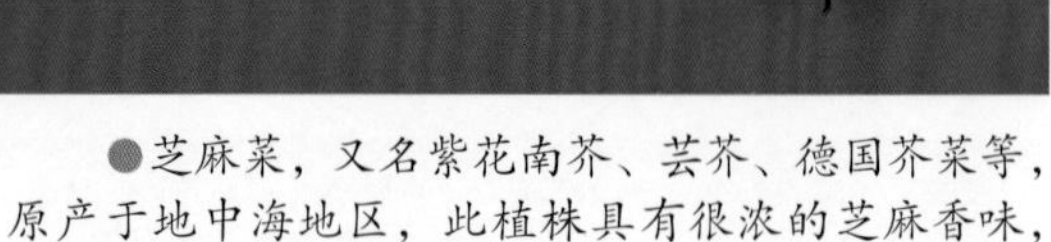

●芝麻菜，又名紫花南芥、芸芥、德国芥菜等，原产于地中海地区，此植株具有很浓的芝麻香味，故名芝麻菜。现在我国各地都有种植，但面积不大。

●可食部分为柔嫩的茎叶和花蕾，具有很浓的芝麻香味，口感滑嫩，适合炒食、煮汤、凉拌或蘸酱生吃。在我国属于一种稀特蔬菜品种。

芝麻菜为十字花科一年生草本植物。

芝麻菜花形态结构

芝麻菜的花结构，与其他十字花科作物类同，花瓣乳黄色，上有黑色纵条纹。

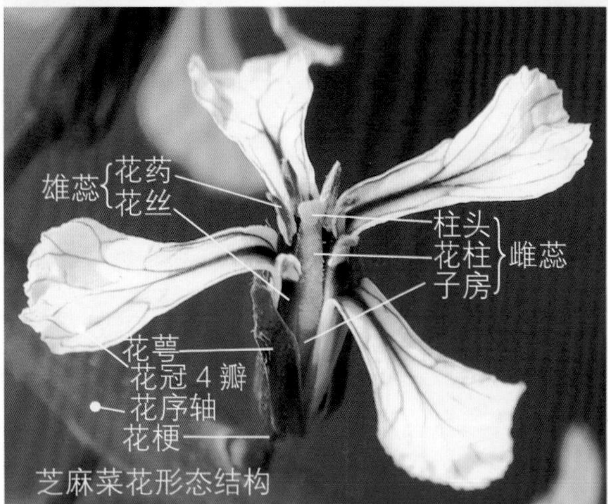

芝麻菜花形态结构

(蔬菜作物——伞形花科作物)

胡萝卜

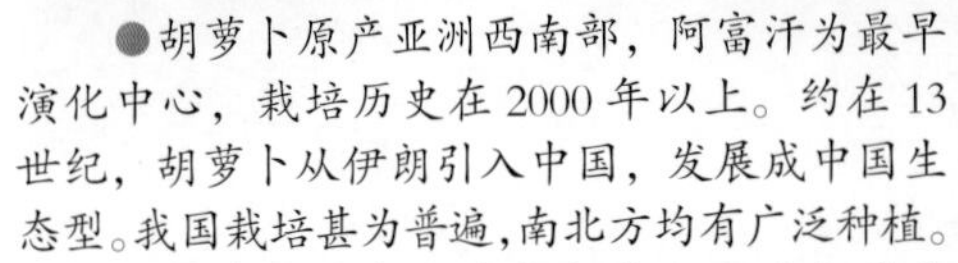

●胡萝卜原产亚洲西南部，阿富汗为最早演化中心，栽培历史在2000年以上。约在13世纪，胡萝卜从伊朗引入中国，发展成中国生态型。我国栽培甚为普遍，南北方均有广泛种植。

●胡萝卜供食用的部分是肥嫩的肉质直根。品种很多，按色泽可分为红、黄、白、紫等。胡萝卜营养丰富，吃法多样，是人们的家常用蔬菜。

胡萝卜花形态结构

胡萝卜为伞形花科一年生草本植物。

胡萝卜花形态结构

复伞形花序顶生。总花序轴长而粗壮，长10~55厘米，有糙硬毛，轴顶端着生分层次的数条至数十条伞辐状花序枝。花序枝纤细，不等长，下层长上层短，每枝顶端着生十几至数十朵花柄不等长的花朵，形成半球形的小伞形花序。花冠5瓣，白色或淡绿色，花瓣花基部狭窄，内卷，顶端钝圆。花序外缘的花冠，有2~3只花瓣较大，顶端深凹。花序中央的花较小，3~5毫米。有雄蕊5枚，与花瓣互生；雌蕊子房与花萼贴生，子房下位，2心室，花柱短圆锥状，柱头头状。

（蔬菜作物——伞形花科作物）

芹　菜

●芹菜，原产于中国的称为“中国芹菜”，原产于地中海和中东地区的称“西芹”。

●中国芹菜品种很多，一般叶柄较细长，香味较浓，有白芹、青芹之分，是我国人民喜食的蔬菜品种。近些年，从国外引入叶柄肥厚，叶片数多的西芹，已在各地广泛栽培，亦受人们的喜爱。

西芹

炒豆腐干

炒肉丝

芹菜为伞形科一年生高纤维草本植物。

芹菜花形态结构

花为复伞形花序或单伞形花序，生于叶腋处，伞形花序基部有总苞片；花序梗长于叶柄，顶端着花多朵，花白色或浅绿色，细小，两性花。花梗长短不一，外轮较长向内逐渐变短呈复伞形花序。花萼与子房贴生，萼片5齿或无；有花瓣5枚，瓣顶部向内卷曲。有雄蕊5枚，与花瓣互生，花丝、花药白色；雌蕊子房下位，2室，每室有1枚胚珠，子房顶部有盘状或短圆锥状的花柱基；花柱2枚。

（蔬菜作物——伞形花科作物）

芫 荽

●芫荽，又名胡荽、香菜、香荽。原产欧洲地中海和西亚地区，中国西汉时张骞从西域带回，现中国各地均有栽培。

●是人们熟悉的常用调味蔬菜。以嫩茎叶和果实为食，味郁香，多用于做汤菜、凉拌菜、火锅的佐料或烫料、面类菜中提味用。成熟果实坚硬，气芳香，味微辣。芫荽籽是配制咖喱粉等调料的原料之一，也是肉制品、香肠，常用的香辛料。

芫荽为伞形花科一二年生草本植物。

芫荽花形态结构

伞形花序，顶生或与叶对生，总花序梗长2~8厘米；小伞形花序有花3~10朵，花白色或淡紫红色，花梗长短不一，辐射呈伞撑状；萼齿通常大小不等，卵状三角形或长卵形；花冠5瓣，小伞序中央的花瓣卷曲，边缘花有2瓣呈长舌形，先端有内凹，有3瓣卷曲；有雄蕊5枚，花丝较长，花药淡紫红色或黄色，雌蕊子房圆形，2室，花柱2枚，直立，柱头头状。

（蔬菜作物——伞形花科作物）

茴 香

●茴香菜又名小茴香、香丝菜，原产地中海地区，中国种植历史亦较悠久，现全国各地均有广泛栽培。茴香的品种很多，有茎用型的球茎茴香、有叶用型茴香，还有专门生产果实和种子香料的茴香。

●茴香全株有浓香，嫩茎叶可作蔬菜食用或作调味品，果实作香料供烹饪菜肴使用。

茴香为伞形花科一年或多年生草本植物。

茴香花形态结构

茴香花的形态结构与伞形花科作物大体类同。区别在于其花序枝和小花序着花较为疏散，花冠黄色，5瓣花冠倒卵形，顶端舌状内卷。

（蔬菜作物——百合科作物）

葱

●我国葱的种植，历史悠久，在全国南北方广泛种植，其品种较多，北方以大葱为主，南方以小葱和香葱为主。

●葱以叶片和叶鞘（假茎）供食用。葱含有挥发性硫化物，具特殊辛辣味，葱白甘甜脆嫩。是我国南北方烹饪菜品中不可或缺的调味品和蔬菜。

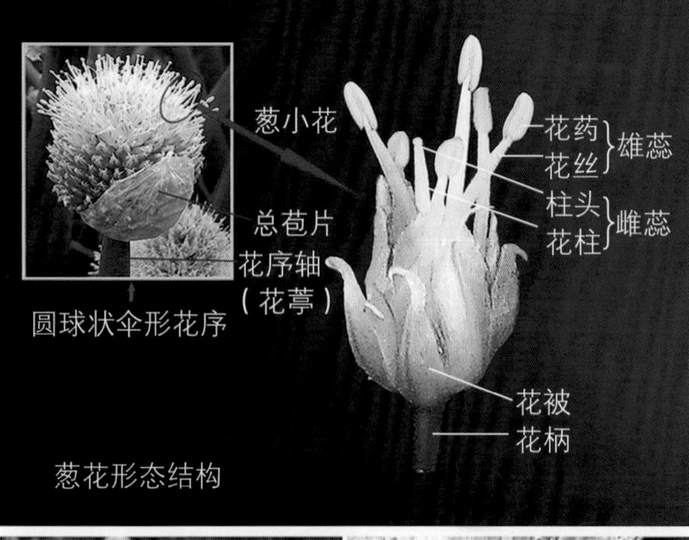

葱花形态结构

葱为百合科葱属多年生宿根草本植物。

葱花形态结构

花葶圆柱状，从叶丛中抽出，通常单一，中央部膨大，中空，绿色，亦有纵纹；伞形花序圆球状着生于花茎顶端的总苞中；总苞膜质，卵形或卵状披针形2裂；花序轴着生多花，小花梗纤细，基部无小苞片，花冠6片，披针形，白色，外轮3枚较短小，内轮3枚较长大，花被片长5~7毫米，中央有一条纵脉；有雄蕊6枚，花丝伸出，为花被片1.5~2倍，基部合生并与花被片贴生，全缘，花药黄色，丁字着生；雄蕊1枚，花柱细长，伸出花被外。子房倒卵形，子房3室。同一小花中雌蕊晚于雄蕊生成。异花授粉。

（蔬菜作物——百合科作物）

蒜

蒜花形态结构

●大蒜，原产地在西亚和中亚，自汉代张骞出使西域，把大蒜带回国安家落户，至今已有两千多年历史。现在全国各地广为种植。

●大蒜以嫩叶、叶鞘（假茎）、花葶（蒜薹）和地下鳞茎即蒜头为食。是人们日常生活中不可缺少的调味品和蔬菜，大蒜烹饪菜肴时具有去腥增味及杀菌的作用。

蒜为百合科葱属多年生草本植物。

蒜花形态结构

花排成伞形花序，外有 2 至多枚总苞片，膜质，浅绿色。花小而稠密，花间多杂以淡红色珠芽，或完全无珠芽；花柄细，长于花；花被 6 片粉红色，椭圆状披针形；有雄蕊 6 枚，花丝扁平白色，花药突出，乳白色；有雌蕊 1，花柱略突出，白色，子房上位，长椭圆状卵形，先端凹入，3 室。

（蔬菜作物——百合科作物）

韭　菜

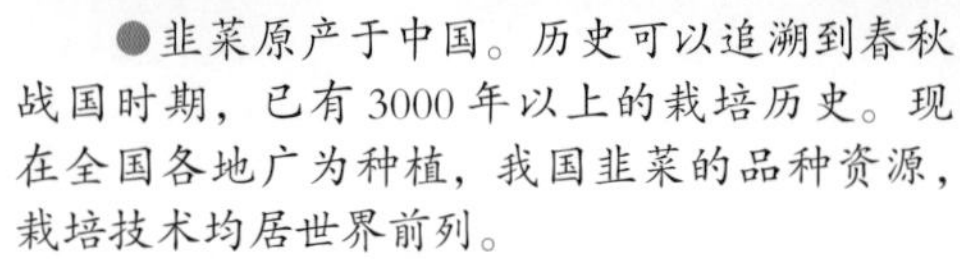

●韭菜原产于中国。历史可以追溯到春秋战国时期，已有3000年以上的栽培历史。现在全国各地广为种植，我国韭菜的品种资源，栽培技术均居世界前列。

●韭菜的营养价值很高，具有辛辣味，有促进食欲的作用。是人们日常不可或缺的蔬菜之一。韭菜除做菜用外，还有良好的药用价值。

韭菜花花结构

韭菜为百合科多年生草本植物。

韭菜花形态结构

花葶顶端总苞内簇生状或球状伞形花序，总苞2裂，宿存；花小而多；花梗为花被的2~4倍长；具小苞片；花白色或微带红色；花被6片，狭卵形或长圆状披针形，长4.5~7毫米；有雄蕊6枚，花丝扁平，基部合生并与花被贴生，长为花被片的4/5，呈狭三角状锥形，花药淡黄色；有雌蕊1枚，花柱园锥状，子房外壁具细的疣状突起，有3心室。

（蔬菜作物——百合科作物）

宽叶韭菜

宽叶韭菜是韭菜品种系列的一个品种，其叶片宽大而肥厚，叶宽相当于一般韭菜的2~3倍。在我国西南、华南地区多有种植。

其花结构与韭菜基本相似，不同之处在于其花序呈圆球状，花瓣细长而弯曲，子房肥大。

（蔬菜作物——百合科作物）

食用百合

●食用百合原产于中亚和我国西北地区。现新疆、甘肃等地是我国食用百合的主产区，尤以兰州百合，其品质优良，誉满全国。

●百合以其地下鳞茎肥厚肉质的鳞片为食。百合片营养丰富，甜绵可口，可鲜食，也可晒干储备食用。

食用百合为百合科一年或多年生草本植物。

食用百合花形态结构

花单生，排成顶生的总状花序或近伞形花序，或单朵顶生，大而美丽；花不具总苞；花瓣下部联合呈漏斗状；上部分离翻卷；花冠金黄色或乳白色，微黄，花背常带有淡紫色斑点。有雄蕊 6 枚，花丝较长向外弯曲，花药内向，丁字形着生；有雌蕊 1 枚，花柱粗壮，比花丝长，柱头头状或有 3 裂，胚珠多枚。

（蔬菜作物——百合科作物）

黄花菜

●又称金针菜，原产于我国，在中国南北方广为栽植。特别是湖南省的邵阳、衡阳市的县区成片大面积栽培，成为全国黄花菜的种植基地，总产量超过全国的一半。是有名的黄花菜之乡。

●黄花菜的花蕾叫金针，可作蔬菜供人食用；它开花后；喇叭状、橘红或橘黄色的花冠，十分艳丽好看，又是供人观赏的花卉。

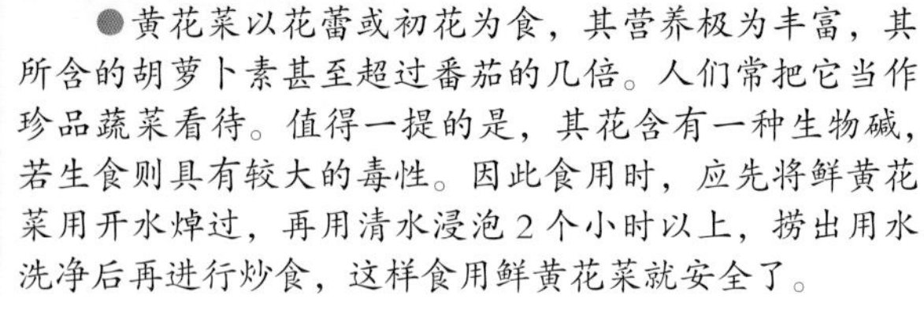

●黄花菜以花蕾或初花为食，其营养极为丰富，其所含的胡萝卜素甚至超过番茄的几倍。人们常把它当作珍品蔬菜看待。值得一提的是，其花含有一种生物碱，若生食则具有较大的毒性。因此食用时，应先将鲜黄花菜用开水焯过，再用清水浸泡2个小时以上，捞出用水洗净后再进行炒食，这样食用鲜黄花菜就安全了。

黄花菜为百合科多年生草本植物。

黄花菜花形态结构

伞形花序，花茎自叶腋抽出，茎顶分枝开花，有花数朵，花梗较短，黄花菜的花蕾长13~15厘米。花冠淡黄或橙黄色，漏斗形，花被二轮6片，外三片绿黄色，内三片淡黄色。雄蕊6枚，三强三弱。花药随品种不同为黄色、褐色或柴紫色。雌蕊1枚，长于雄蕊，三心皮，上位花，中轴胎座，胚珠倒生，常异花授粉。

（蔬菜作物——百合科作物）

洋　葱

●有关洋葱的原产地说法很多，但多数认为洋葱产于中西亚伊朗、阿富汗的高原地区，洋葱的种植已有5 000多年历史，20世纪初传入我国。洋葱在我国分布很广，南北各地均有栽培，目前种植面积不断扩大，是目前我国主栽蔬菜之一。同时已成为世界洋葱生产主产地之一。

●洋葱，以株体下部叶鞘形成的肥厚肉质的鳞茎为食。其肉质柔嫩，汁多，辛辣味浓，营养成分十分丰富，可凉拌生食，可炒食、做汤和腌渍。是人们喜爱的一种家常菜品。

洋葱回锅肉　凉拌洋葱木耳　洋葱炒青椒

洋葱为百合科2年生草本植物。

洋葱花形态结构

花葶从叶丛中央伸出，中空圆筒状，粗壮，高可达1米，在中部以下膨大，向上渐狭、花葶顶部总苞2~3裂；伞形花序球状，具多而密集的花；小花梗较长，约2.5厘米。花冠白色；花被片具绿色中脉，矩圆状卵形；有雄蕊6枚，花丝扁平等长，稍长于花被片，约在基部1/5处合生，合生部分下部的1/2与花被片贴生，花药淡绿黄色；有雌蕊1枚，子房近球状，腹缝线基部具有帘的凹陷蜜穴；花柱长约4毫米，圆锥状。

（蔬菜作物——藜科作物）

菠　菜

●菠菜，又名波斯菜、赤根菜、鹦鹉菜等。原产伊朗。唐代贞观二十一年（公元 641 年），尼泊尔国王那拉提波派使臣把菠菜种子作为贡品之一，送到长安，献给唐皇，从此菠菜在中国落户了。现今在中国各地广为栽培，为极常见的蔬菜之一。

●据测定，每 500 克菠菜中含蛋白质 12.5 克，相当于两个鸡蛋的含量；含胡萝卜素 17.22 克，比胡萝卜还高。因此被营养学家誉为“维生素宝库”“营养模范生”,其可以经常用来烧汤，凉拌，单炒，和配荤菜合炒或垫盘。

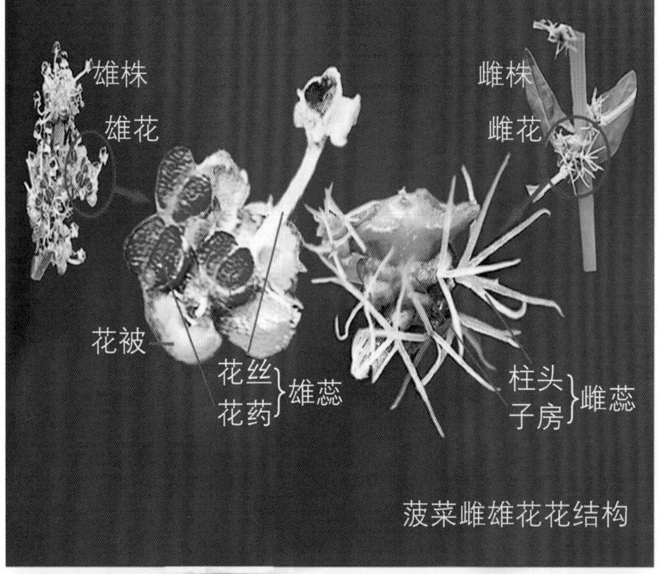

菠菜雌雄花花结构

菠菜为藜科菠菜属一年生草本植物。

菠菜花形态结构

单性花，雌雄异株，两性比约为 1∶1，偶也有雌雄同株的。

雄花呈穗状或圆锥花序，花被通常 4 片，有雄蕊 5 枚，花丝扁平，白色；花药肥大，成熟后为红色。

雌花簇生于叶腋。子房生于 2 个小苞片中，苞片先端具刺尖。子房球形，柱头 4 或 5，外伸。

菠菜雌株
菠菜雄株

（蔬菜作物——藜科作物）

牛皮菜

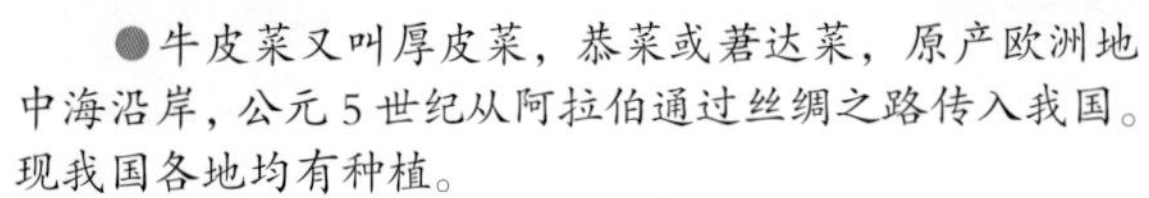

●牛皮菜又叫厚皮菜，恭菜或莙达菜，原产欧洲地中海沿岸，公元5世纪从阿拉伯通过丝绸之路传入我国。现我国各地均有种植。

●牛皮菜以肥厚的叶、梗或嫩苗供食用。也用作牲畜饲料，其中红叶红茎品种可作观赏用。

牛皮菜属藜科甜菜属中的变种，为二年生草本植物。

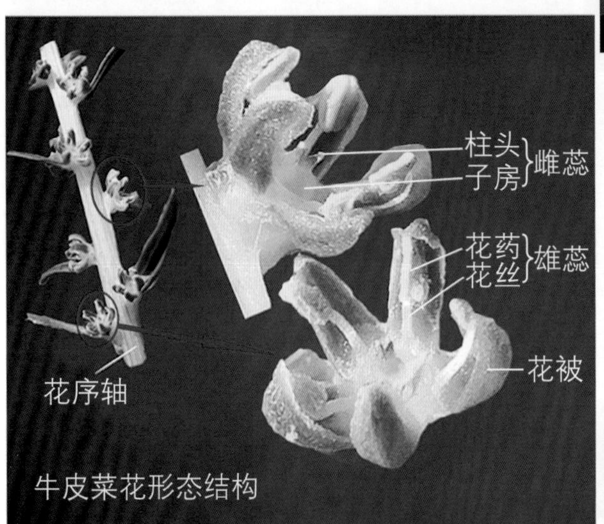

牛皮菜花形态结构

牛皮菜花形态特征

夏季开花，总花序轴长穗状，多生侧花茎，构成复总状花序。花两性，通常单生或2~3朵聚生；花较小，无花梗或粗短，花冠5瓣，黄绿色，花瓣矩圆形，先端钝，瓣缘内曲；有雄蕊5枚；雌蕊与花冠基部结合，花柱2~3，柱头小球形。

（蔬菜作物——天南星科作物）

开花芋

开花芋花结构

花序上位雄花

雄小花

雌蕊
柱头
花被
雌小花

果实

花序下位雌花

佛焰花序

●开花芋主要产于云南、广西等地，因其开花的植株较多，并以花柄和花为食，当地菜农把它叫作“开花芋”，实际上它是芋头的一种。

开花芋为单子叶天南星科植物。

开花芋花形态结构

花序柄常单生，短于叶柄；佛焰苞长短不一，一般长 20 厘米左右；管部黄红色，长卵形；檐部披针形或椭圆形，展开成舟状，边缘内卷，淡黄色至乳白色；肉穗花序长约 10 厘米，短于佛焰苞；雌花序位于下部，中性花序位于中部，雄花序位于上部，先端骤狭，附属器钻形，长约 1 厘米。

（蔬菜作物——天南星科作物）

芋 头

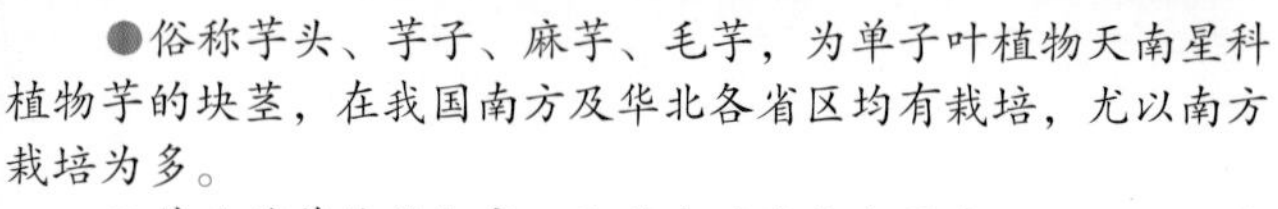

●俗称芋头、芋子、麻芋、毛芋，为单子叶植物天南星科植物芋的块茎，在我国南方及华北各省区均有栽培，尤以南方栽培为多。

●芋头营养价值极高，块茎中的淀粉含量有70%，既可当作粮食，又可作蔬菜，是老幼皆宜的秋补素食一宝。

芋头单子叶植物天南星科一年生草本植物。

芋头花形态结构

花序柄常单生，短于叶柄；佛焰苞长短不一，一般长20厘米左右；管部黄红色，长卵形；檐部披针形或椭圆形，展开成舟状，边缘内卷，淡黄色至乳白色；肉穗花序长约10厘米，短于佛焰苞；雌花序位于下部，中性花序位于中部，雄花序位于上部，先端骤狭，附属器钻形，长约1厘米。

（蔬菜作物——天南星科作物）

魔　芋

●魔芋主要产于东半球热带、亚热带，我国为原产地之一，四川、湖北、云南、贵州、陕西、广东、广西、台湾等省区山区均有分布。

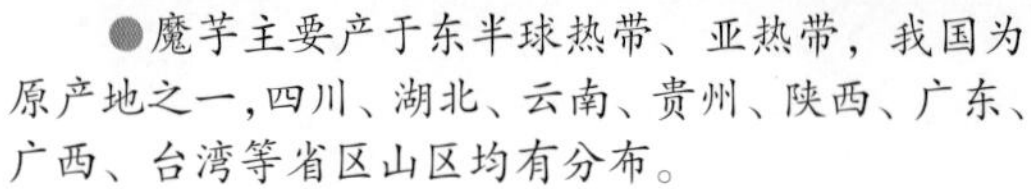

●魔芋以地下块茎磨粉加工而食，常被人们誉为“魔力食品”“神奇食品”“健康食品”等。四川峨眉山出产的‘雪魔芋’是烹饪美食菜肴的上佳食材。值得一提的是，魔芋全株有毒，以鲜块茎为最，不能生食。因此，魔芋食用前必须经蒸煮、漂洗、磨粉等加工过程脱毒。

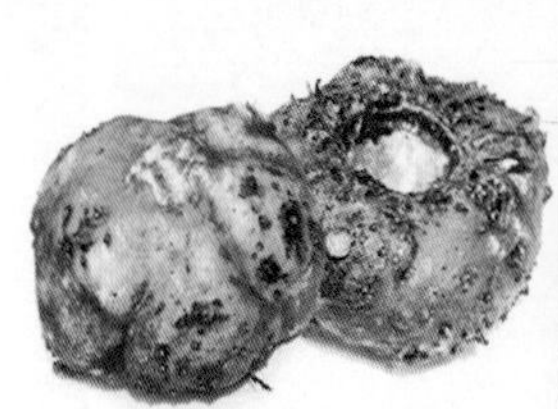

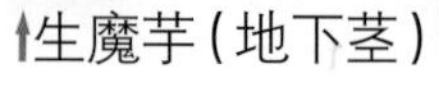

↑生魔芋（地下茎）

魔芋食品

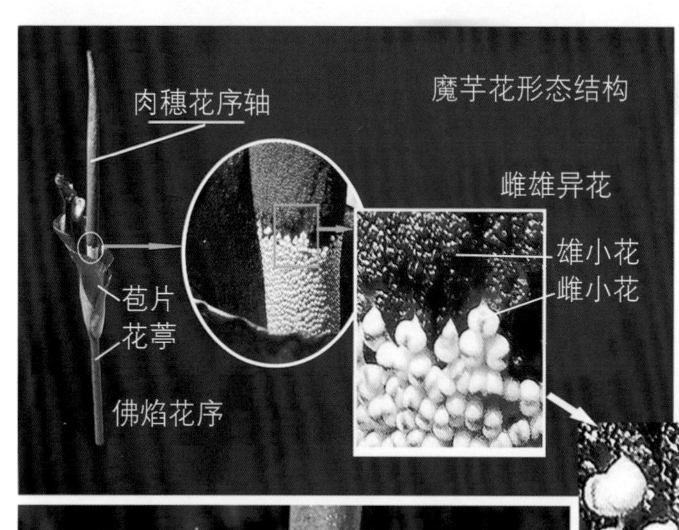

魔芋为天南星科多年生草本植物。

魔芋花形态结构

魔芋花为佛焰花序，由花葶、花序轴和佛焰苞组成。花序柄（花葶）较粗而长，为苍绿色，杂以暗绿色斑块；佛焰苞漏斗形，苞片基部席卷，延展部心状圆形，边缘褶波状，苞片外面黄绿色，上部边缘红色，内面深紫红色。佛焰苞内肉穗花序轴圆柱形，顶端变尖，轴较长，比佛焰苞长1倍；花单性（有时杂以少数两性花），雌花着生于花序轴下段，雄花生于上端。

（蔬菜作物——锦葵科作物）

冬苋菜

●冬苋菜，又称冬葵、葵菜、滑菜、滑肠菜等，中国早在汉代以前即已栽培供蔬食，现在湖南、四川、江西、贵州、云南等省广为栽培。

●冬苋菜以幼苗或嫩茎叶供食，营养丰富，可炒食、做汤、煮粥。口感柔滑、清香，是人们喜爱的绿叶蔬菜。冬苋菜豆腐汤、冬苋菜肉丸汤、冬苋菜大米粥，更是南方人膳食中厚爱的美味食物。

冬苋菜豆腐汤　冬苋菜肉丸汤　冬苋菜大米粥

冬苋菜为锦葵科一年生或二年生宿根草本植物。

冬苋菜花形态结构

冬苋菜花较小，直径约6毫米，常单生或数个簇生于叶腋间。花梗极短，有小苞片3枚，披针形，分离披绒毛；萼浅杯状，萼5裂，三角形，疏被星状柔毛；花冠碗状，花瓣5片，白色或浅玫瑰红色，顶部凹入，瓣缘截形多有不整齐齿牙；雄蕊5枚，花丝下部相连成一筒状，上部分枝呈丝状，雌蕊生于花丝管内侧，子房磨盘形。

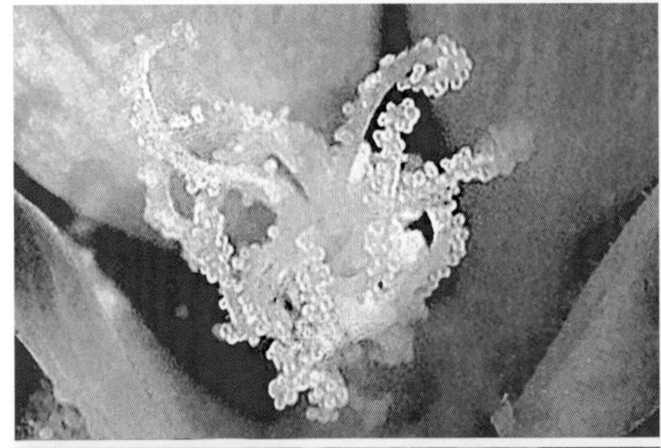

（蔬菜作物——锦葵科作物）

秋 葵

●秋葵，又名羊角豆、咖啡黄葵、毛茄等。分绿色和红色两种。这两个品种原产于非洲，近期由印度引入我国。已在我国各地种植。

●目前秋葵已成为人们所热追的高档营养保健蔬菜，风靡全球。它的可食用部分是嫩果荚，可凉拌、热炒、油炸、炖食，做色拉、汤菜等。

秋葵为锦葵科一年生草本植物。

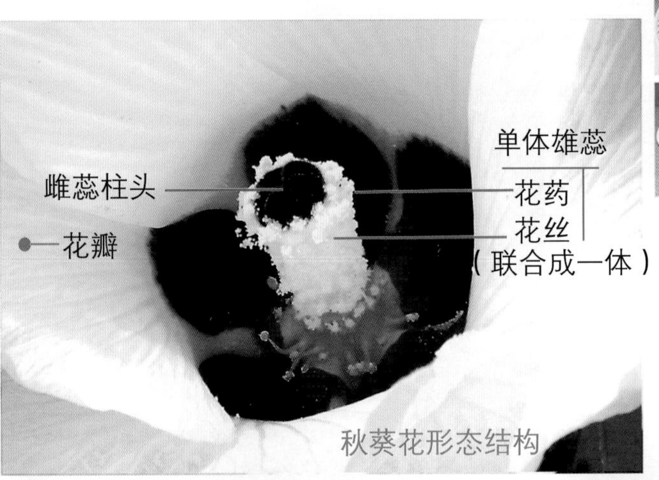

秋葵花形态结构

秋葵花的形态结构

秋葵花单生于叶腋或花轴顶端。花冠黄色或淡黄色。花萼萼片紫红或绿色，爪形10裂。花柄粗短。雄蕊花丝联合成一体，呈管状，为单体雄蕊。雌蕊被花丝管包围，柱头头状，深紫红色，子房肥大，二心室，胚珠多枚。

（蔬菜作物——锦葵科作物）

中国黄锦葵

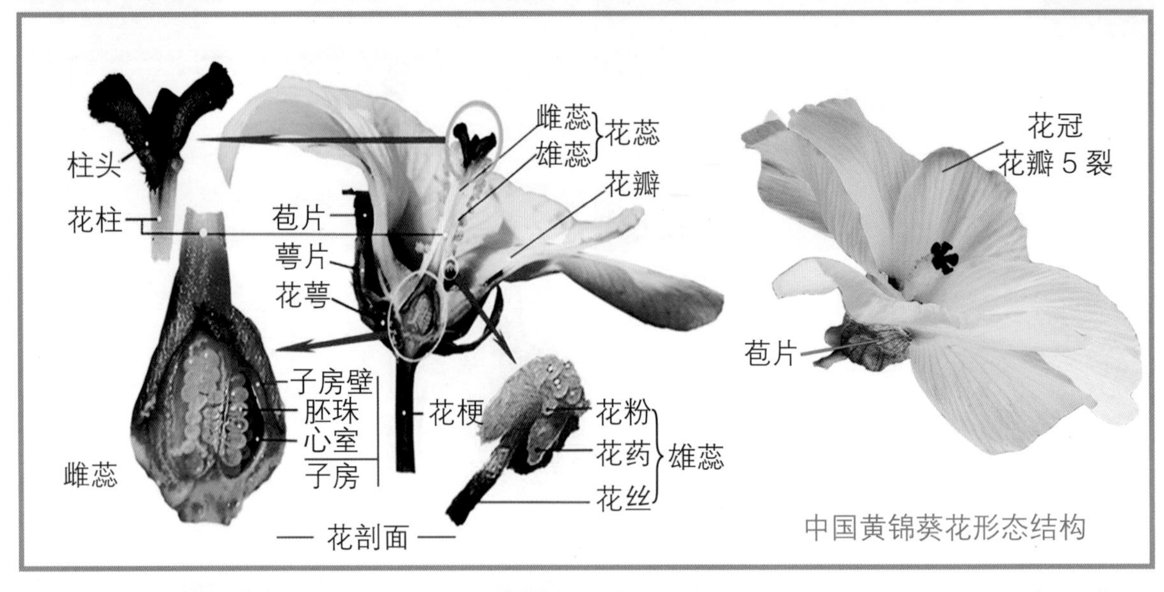

中国黄锦葵花形态结构

●以花为食的中国黄锦葵。可炒，可做汤，味道鲜美。

（蔬菜作物——泽泻科作物）

茨 菇

●茨菇原产中国。分布于长江流域及其以南各省，太湖沿岸及珠江三角洲为主产区，北方有少量栽培

●茨菇生于浅水沟、溪边或水田中。以地下球茎作蔬菜食用。

茨菇为泽泻科多年生宿根性水生草本植物。

茨菇花形态结构

花单性，雌雄同株同序，总状花序顶生，少为圆锥花序。总花序轴长，分枝多；花序枝细长，下部为雌花，具短梗，上部为雄花，梗细长，苞片披针形，先端钝或尖，基部稍连合；花冠6片，排成2轮，内轮3片呈花瓣状白色，近圆形，较外轮的大；外轮3片，绿色，呈花萼状，谢花后宿存；雄花雄蕊多数，花丝线形，花药卵形，深黄色；雌花心皮多数，密集于球形的花托上呈球状，子房扁平。

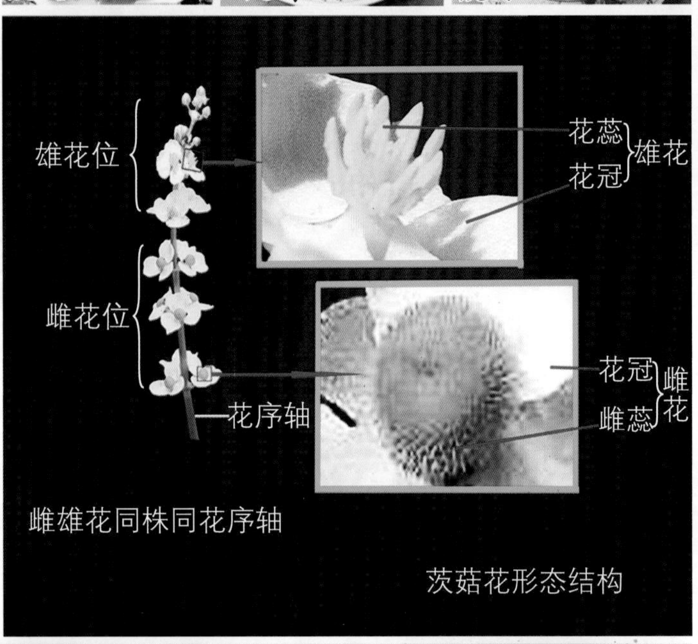

茨菇花形态结构

（蔬菜作物——三白草科作物）

鱼腥草

●鱼腥草，又叫侧耳根、贼儿根，原产于我国长江流域以南及陕西、甘肃等地，原多为野生，常生长在田边地头和坡地。因人们喜食，近来已有较大面积栽培。

●鱼腥草可食用的嫩茎叶和地下茎具有鱼腥味，故称鱼腥草。因其味道特殊，加之食用具有开胃消食的功能，已成为人们喜爱蔬菜之一。

鱼腥草菜系

鱼腥草为三白草科多年生草本植物。

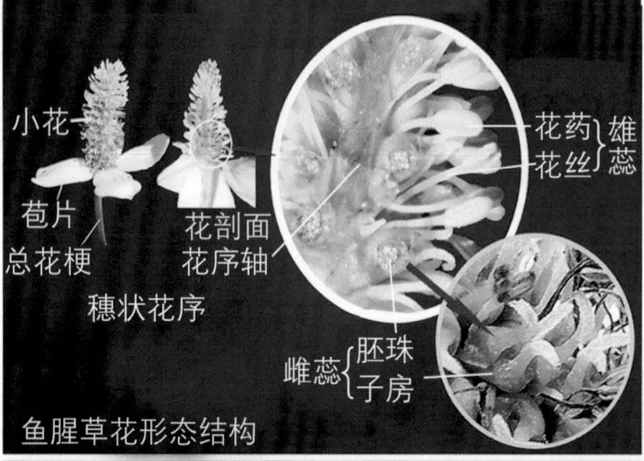

鱼腥草花形态结构

鱼腥草花结构

花多而小，夏季开花，无花被，着生于穗状花序轴上，总苞片 4 片，生于总花梗之顶，白色，花瓣状，长 1~2 厘米，常被人们误认为是花瓣。有雄蕊 3 枚，花药淡黄色，花丝长，下部与子房合生，雌蕊由 3 个合生心皮所组成。

（蔬菜作物——旋花科作物）

藤藤菜（空心菜）

爆炒藤藤菜

●藤藤菜又名空心菜、蕹菜。原产于中国，在我国长江以南地区广为种植。因其茎秆藤本中空，故此被人们称作藤藤菜或空心菜。有旱生和水生两种品系。

●空心菜以其嫩茎叶为食，是我国各地常见的蔬菜之一。

空心菜为旋花科一年生旱生或水生草本植物。

空心菜花形态结构

空心菜的花为聚伞花序，腋生。花序梗长 1.5~9 厘米，基部被柔毛，向上无毛，其上着生 1~3 只朵花；苞片小鳞片状，长 1.5~2 毫米；花梗长 1.5~5 厘米，无毛；萼片近于等长，卵形，顶端钝；花冠漏斗状，有白色或花管呈淡紫红色；雄蕊冠生，不等长，花丝基部被毛；子房圆锥状，无毛。

（蔬菜作物——苋科作物）

苋 菜

●苋菜原产于中国，在全国各地均有种植。苋菜分为白苋菜及红苋菜，盛产于夏季。

●苋菜以嫩茎叶为食，可烹可炒，也可焯水后凉拌食用，苋菜叶富含易被人体吸收的钙、铁质和维生素K，属营养健康型菜品。红苋菜叶汁，又可作天然的红色食品染料。

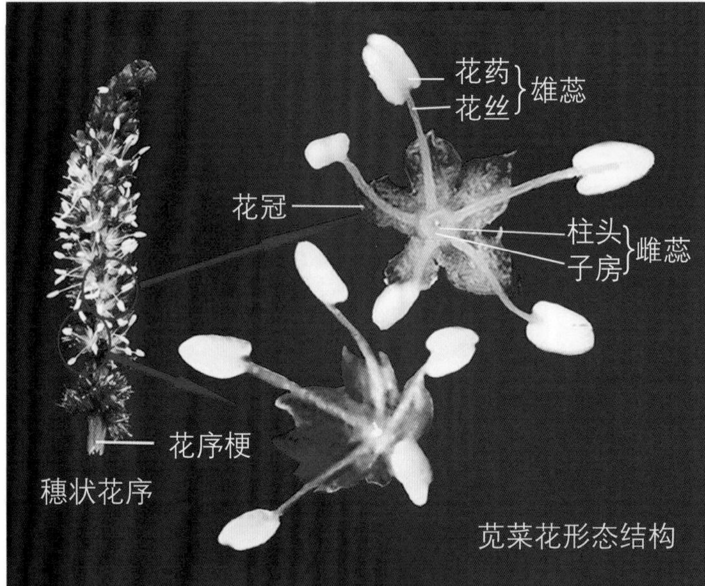

苋菜花形态结构

●鲜为人知的是，苋菜茎叶还是生产地道臭豆腐的原材料。其茎叶经多年发酵腌制后所泡制出的汁液，是生产各种臭豆腐最理想的纯天然食用级上等臭卤，将豆腐放入臭卤中，经浸泡后即成臭豆腐。

苋菜为苋科一年生草本植物。

苋菜花形态结构

苋菜花的花序为穗状花序，花较小，只有3~5毫米，花单性或杂性，花梗较短，花冠5瓣，花被片膜质，红色或淡黄色；有雄蕊5枚，花丝长过花被片；有雌蕊1枚花柱柱头短小。

(蔬菜作物——睡莲科作物)

莲藕

●莲藕，它的植株称“莲”或“荷”。其叶叫“荷叶”，花叫“荷花”或“莲花”，果实叫“莲蓬”，种子叫“莲米”横生于水下淤泥中肥大的地下茎称为藕。在中国的栽培历史较长，南北朝时期即有广泛种植。现今，全国各地都有广泛植株。可以说，中国是荷花莲藕的世界栽培中心。是我国各地重要的水生蔬菜和观赏作物之一。

●莲藕在我国长期的栽培过程中，培育出了许多食用和观赏型优良品种，据载，共有200多种，在食用品种中，有的地方把它分为红花藕、白花藕和麻花藕三个系列；有的把它分为七孔和九孔藕两个品系。一般七孔或白花藕藕形肥大而圆滚，外表细嫩光滑，呈乳白色，肉质脆嫩多汁，甜味浓郁，适合生食、凉拌、烹炒和腌制蜜饯果脯等；九孔或红花藕藕形瘦长，外皮褐黄色、粗糙，含粉多，水分少，不脆嫩，口味甜面，适合炖食或制作藕粉。藕营养丰富，食法多样，在我国的藕食文化可谓丰富多彩。

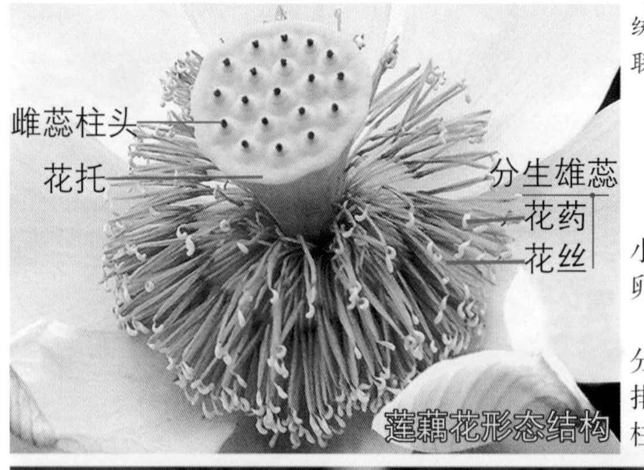

莲藕花形态结构

●莲花，又是我国的传统观赏名花。其花叶清秀，矫健艳丽，亮洁高雅；其茎不蔓不枝、外直中通的形态以及生长在骄阳之下、出于淤泥之中的特殊生态环境。在中国花文化中，无论是民间民俗还是文人墨客，荷花都是最有情趣、最赋寓意的吟咏诗词对象和作画的题材。较为典型的是北宋著名诗人周敦颐写下了对荷花的赞美之词：“出淤泥而不染，濯清涟而不妖”的名言。它教诲着人们，以荷花的出淤泥而不染，纯洁无瑕的高尚品质作为激励自己洁身自好的为人、做官、行事和审美的人生哲理。由于“荷”与“和”“合”谐音，“莲”与“联”“连”谐音，在中华传统文化中又经常以荷莲作为和平、和谐、合作、合力、团结、联合、心心相通等的象征。

莲藕为睡莲科宿根多年生水生草本植物。

莲花的形态结构。

花单生于花梗顶端，花梗与叶柄等长或稍长，梗散生小刺；花芳香，有红色、粉红色或白色；花瓣椭圆形或倒卵形，花瓣背面有明显脉纹；有单瓣、复瓣和重瓣之分。

花托膨大，呈倒锥形。雄蕊多数，可多达200~300枚，分生于花托基部。花药条形，花丝细长；雌蕊多数，轮状排列，着生于膨大的倒锥形花托内，子房椭圆形，花柱极短。柱头分叉粗短，伸出花托之外。

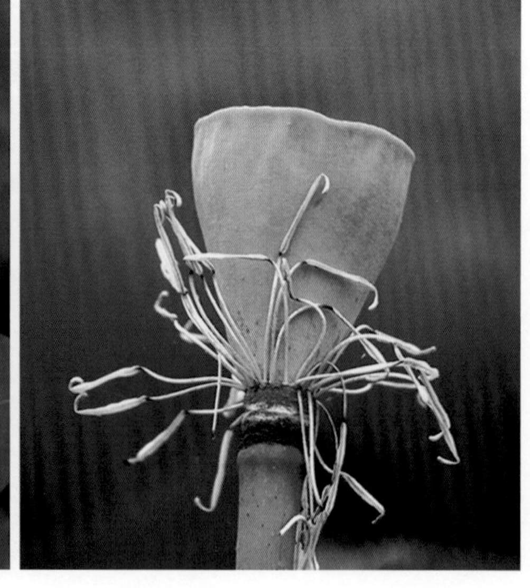

（蔬菜作物——落葵科作物）

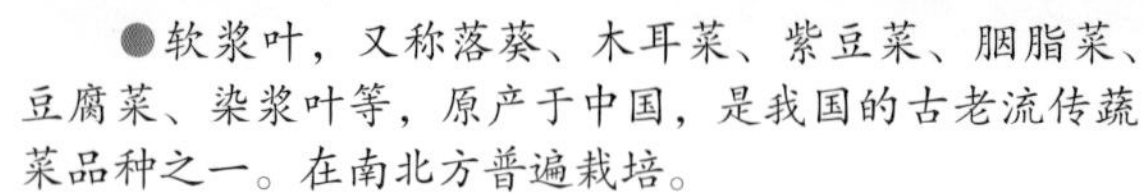

软浆叶

●软浆叶，又称落葵、木耳菜、紫豆菜、胭脂菜、豆腐菜、染浆叶等，原产于中国，是我国的古老流传蔬菜品种之一。在南北方普遍栽培。

●软浆叶以幼苗、嫩梢或肥厚的嫩叶供食，经烹调后清香鲜美，质地柔嫩软滑，营养价值高。可做汤菜、爆炒、烫食、凉拌、面食加青等，其味清香，咀嚼时如吃木耳一般清脆爽口，深受人们的喜爱。

软浆叶为落葵科一年或多年生蔓生草本植物。

软浆叶花形态结构

穗状花序腋生或顶生，单一或有分枝；小苞片2，呈萼状，长圆形，长约5毫米，宿存；花无梗，花萼5片，淡紫色或淡红色，下部白色，连合成管；无花瓣；雄蕊5个，生于萼管口，和萼片对生，花丝在蕾中直立，花药黄色；花柱3枚，基部合生，柱头具多数小颗粒突起。

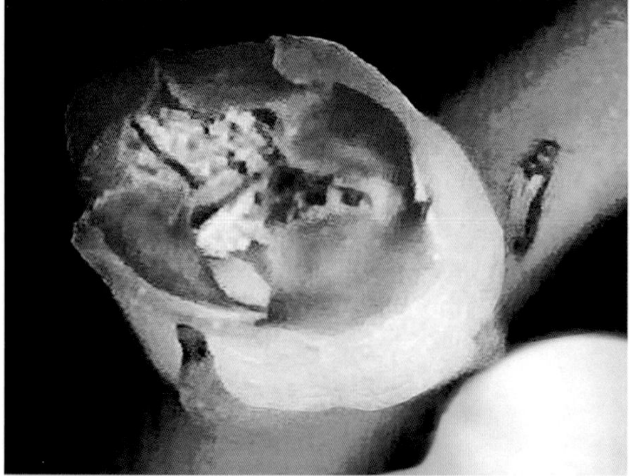

（蔬菜作物——唇形花科作物）

紫　苏

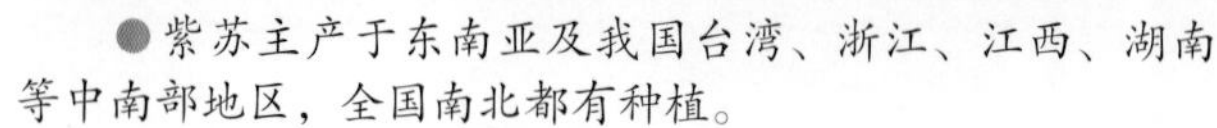

●紫苏主产于东南亚及我国台湾、浙江、江西、湖南等中南部地区，全国南北都有种植。

●紫苏既可作蔬菜食用，又能药用。嫩叶炒食、凉拌或作汤，其味特异芳香，在烹饪菜肴中且具有去腥、增鲜和提味的作用。紫苏籽含油量较高，可榨取“紫苏油”，人们常把它作为保健品食用。紫苏梗、紫苏籽又是常用的解毒、止吐、止泻的中药材。

紫苏梗

紫苏籽

紫苏鱼

紫苏为唇形花科紫苏属一年生草本植物。

紫苏花形态结构

总花轴项生和腋生，轴上着生若干轮伞花序，每序有2~6花，组成假总状花序；花有1苞片，苞片卵圆形，先端渐尖；花萼钟状，2唇形具5裂，上唇3裂较宽大，下唇2裂，内面喉部具疏柔毛；花冠基部管状，顶部2唇形，上唇微凹，下唇内曲，花冠紫色、紫红色或粉红色、白色。有雄蕊4枚，花丝2长2短为2强雄蕊；有雌蕊1枚，花柱较长，柱头2裂，子房4裂。

（蔬菜作物——唇形花科作物）

草石蚕

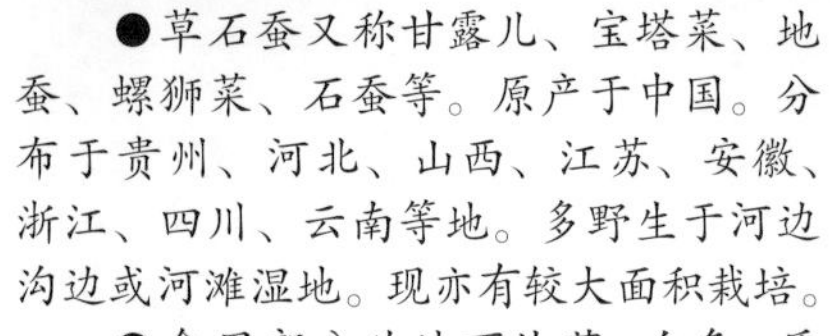

●草石蚕又称甘露儿、宝塔菜、地蚕、螺狮菜、石蚕等。原产于中国。分布于贵州、河北、山西、江苏、安徽、浙江、四川、云南等地。多野生于河边沟边或河滩湿地。现亦有较大面积栽培。

●食用部分为地下块茎，白色，质地脆嫩，味甘。可做蔬菜炒、煮食和腌渍泡菜，亦是制作酱菜的上等食材。

草石蚕花形态特征

与其他唇形花科作物的花相似。

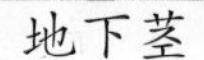

地下茎

酱菜

酸菜

炒菜

泡菜

蔬菜作物——天门冬科作物

芦 笋

炒芦笋

●芦笋又叫“石刁柏”“龙须菜”等。芦笋是世界十大名菜之一，被称为“蔬菜之王”。原产于地中海东岸及小亚细亚。中国栽培芦笋从清代开始，仅100余年历史，现全国各地均有栽培，已成为世界生产和出口大国。

芦笋为天门冬科多年生植物。

芦笋花形态结构

芦笋雌雄异株，虫媒花，花小，钟形，萼片及花瓣各6枚。雄花淡黄绿色，花药黄色，有6枚雄蕊，雌花绿白色，有雌蕊1枚。

（蔬菜作物——禾本科作物）

竹 笋

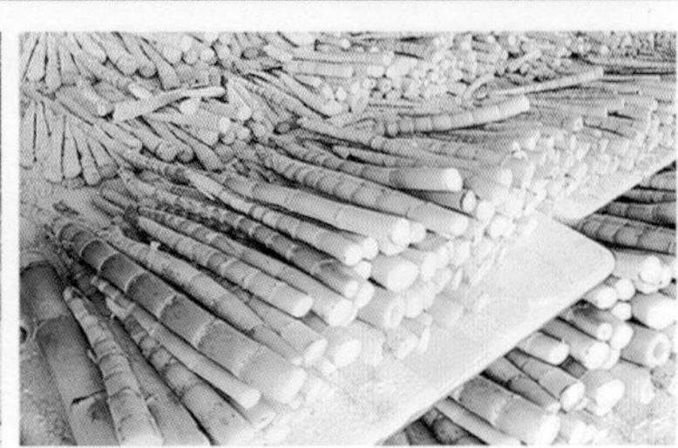

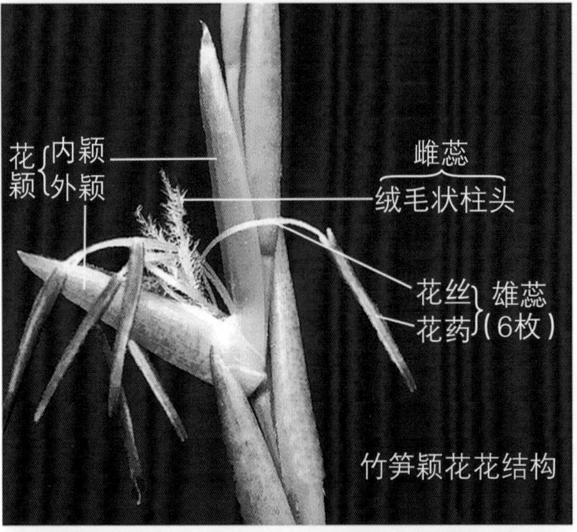

竹笋颖花花结构

●竹原产中国，栽培历史极为悠久，类型众多，适应性强，分布极广，我国南北各地均有种植，以南方的品种和栽培面积最多。

●竹笋，是竹的幼茎芽，也称为笋。食用部分为初生、肥嫩、短壮的茎芽或鞭。竹笋是中国传统佳肴，自古被当作"菜中珍品"。可烧菜，能做出许多味香质脆的佳肴，除鲜食外，还可制作成笋干、玉兰片及罐头等。

竹为禾本科多年生常绿硬质草本植物。

竹花形态结构

竹花花序为疏松型圆锥花序，花为两性花，其形态结构为颖花。没有花瓣，分别由两只较小的副护颖和护颖、一个外颖、一个内颖、两个鳞片组成。内外颖革质，长梭形，颖壳外有细绒毛分布。有雄蕊 6 枚，花丝较长，伸出颖外，花药乳黄色或紫红色；有雌蕊一枚，雌蕊花柱两分叉，柱头绒毛状，白色。

（蔬菜作物——美人蕉科作物）

蕉　芋

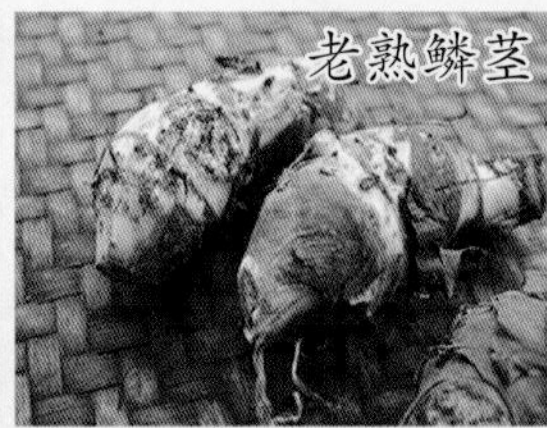

蕉芋粉

蕉芋粉条

蕉芋凉粉皮

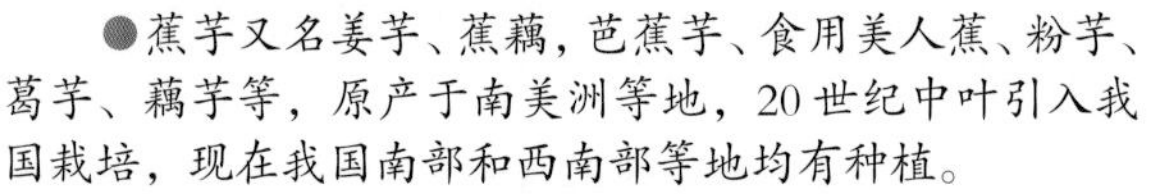

●蕉芋又名姜芋、蕉藕，芭蕉芋、食用美人蕉、粉芋、葛芋、藕芋等，原产于南美洲等地，20世纪中叶引入我国栽培，现在我国南部和西南部等地均有种植。

●蕉芋可利用部分为膨大的地下茎。除作菜品炒、煮、沸水焯后凉拌、腌渍咸菜等鲜食外，还是高价值淀粉的原料。它的链淀粉含量很高，以生产淀粉为主。这种淀粉成膜性好，可深加工制作粉丝、粉条、粉皮等食品；还可生产口服和注射用葡萄糖、高梁饴糖等类淀粉糖，以及代藕粉、味精等多种副食品。用它制作的淀粉浆，具有黏结度高、光洁度好等特点，可用于纺织、造纸、制鞋、制帽、服装和文化用品等的浆料。

蕉芋为美人蕉科美人蕉属多年生草本植物。

蕉芋花的形态结构

总状花序单生或分叉，花单生或2朵聚生，小苞片卵形，淡紫色；萼片披针形，淡绿而带紫；花冠管杏黄色，长约1.5厘米，花冠裂片杏黄而顶端略紫，披针形，长约4厘米，直立；唇瓣披针形，长4.5厘米，卷曲，顶端2裂，上部鲜红色，基部杏黄；雄蕊花瓣化，外轮退化雄蕊2~3枚，倒披针形，长约5.5厘米，宽约1厘米，红色，基部杏黄，直立，其中1枚微凹；可育雄蕊披针形，长4.2厘米，杏黄而染红，花药室长9毫米；子房圆球形，直径6毫米，绿色，密被小疣状突起。花柱狭带形，长6厘米，其中基部约有1厘米长与退化雄蕊管连合，杏黄色。

（蔬菜作物——薯蓣科作物）

山　药

雄花

炒　　炖　　蜜汁　　粥　　烤

●我国是山药的原产地，全国各地都有栽培，北方以长山药为主，尤以华北地区盛产，南方以毛山药（脚板苕）为主。

●山药的食用部分为棍状或块根状的地下肉质块茎和叶腋间所生珠芽，亦叫山药蛋。

山药，人类自古食用，是人类食用最早的植物之一，山药块茎肥厚多汁，又甜又绵，且带黏性，生熟均可食用。山药可烹饪和加工成许多佳肴，如山药泥、蜜汁山药汁、糖葫芦，也可做清炒、清蒸、烧烤山药等菜肴。人们常赞美山药，称其色如玉、香如花、甜如蜜、味胜羊羹。

山药亦是重要的中药材，在中医药典中，指山药具有健脾益胃，助消化，滋肾益精，益肺止咳，延年益寿，降低血糖，滋养皮肤，健美养颜等药用效果。

山药为薯蓣科多年生缠绕藤本植物。

雌花

山药花的形态结构

花雌雄异株，很少同株，花极小，绿白色。雌雄花序相似，组成穗状、总状或圆锥花序，2~8 个生于叶腋；雄花序穗状，近直立，不下垂，长轴呈之字形曲折状；雌花序直而下垂；雌花和雄花花冠相似，花被片 6 片，卵形，分内外 2 轮，基部合生；雄花近于无柄，苞片三角状卵形，短于花被，有雄蕊 6 枚，有时 3 枚发育，3 枚退化；雌花子房下位，长梭形，花柱 3 裂。

（蔬菜作物——楝科作物）

香 椿

●香椿，又名香椿芽、香椿头等，原产中国。人们食用香椿久已成习，汉代已遍布我国大江南北。

●我国香椿品种很多，根据香椿初出芽苞和子叶的颜色不同，基本上可分为紫、红香椿和绿香椿两大类。属紫香椿的有黑油椿、红油椿、紫椿等品种；属绿香椿的有青油椿、黄罗伞等品种。

●香椿叶厚芽嫩，红香椿犹如玛瑙，绿香椿犹如翡翠，香味浓郁，营养丰富远高于其他蔬菜，为宴宾之名贵佳肴。

香椿为楝科多年生的落叶高大乔木植物。

香椿花形态结构

圆锥花序，两性花，花小而多，花冠5瓣，长圆形，白色，钟状，有香味。有雄蕊10枚，其中5枚能育，5枚退化；子房圆锥形，5室，每室有胚珠3枚，花柱比子房短，柱头盘状。其果实为蒴果。

（蔬菜作物——姜科作物）

生　姜

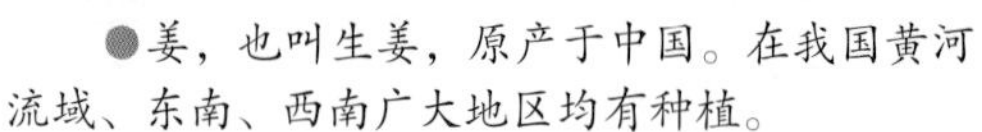

泡姜　　仔姜炒肉片

●姜，也叫生姜，原产于中国。在我国黄河流域、东南、西南广大地区均有种植。

●姜的根茎肉质，肥厚，扁园，具有芳香和辛辣味。幼嫩的鳞茎叫仔姜，是烹饪菜肴和腌制泡菜、酱菜的佳品，老姜是常用的调味品和药材。

生姜为姜科多年生宿根草本植物。

生姜花形态特征

花茎直立，被以覆瓦状疏离的鳞片；穗状花序卵形至椭圆形，长约 5 厘米，宽约 2.5 厘米；苞片卵形，淡绿色，先端锐尖；萼短筒状；花冠 3 裂，裂片披针形，黄色，唇瓣较短，长圆状倒卵形，呈淡紫色或紫红色，有黄白色斑点，下部两面各有小裂片；雄蕊 1 枚，挺出，子房下位；花柱丝状，淡紫色，柱头放射状。花期 6—8 月。

（蔬菜作物——仙人掌科作物）

食用仙人掌

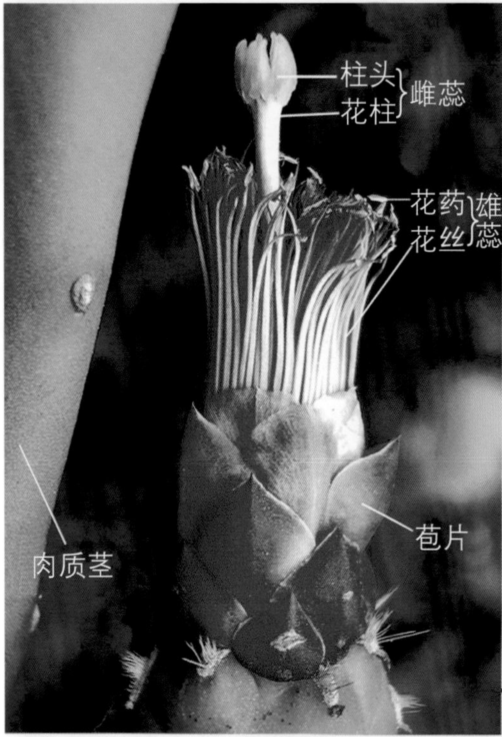

●食用仙人掌，原产南美洲，是墨西哥人从 300 多种仙人掌品种中经过漫长的种植驯化、杂交选育后培育出来的食用型仙人掌。我国农业部优质农产品开发服务中心 1997 年从墨西哥米邦塔地区引进，经过适应性栽培和品种筛选，选育出优秀的菜用仙人掌品种。现已在全国各地广为推广种植。

●食用仙人掌的肉质茎营养丰富，作为菜用的吃法很多，可采用煎、炒、炸、煮、凉拌、榨汁做汤等多种烹制方法，制成美味可口的佳肴。它还是制作罐头、饮料、果酱、酿酒的上等原料．其具有较高的药用价值，可加工成多种保健品。在我国自上市供应以来颇受人们青睐。

食用仙人掌为仙人掌科多年生肉质茎类植物。

食用仙人掌花形态特征（见图）

（蔬菜作物——芭蕉科作物）

地涌金莲

●地涌金莲，又称地金莲、地涌莲、地母金莲，原产中国云南西北部金沙江干热河谷，四川省也有分布，在西双版纳栽培得尤其多，多生于山间坡地或栽于公园和家庭庭园内。

●地涌金莲为中国特产花卉植物。云南等地的人们常把它初花期的嫩假茎作为菜品食用。

地涌金莲为芭蕉科地涌金莲属多年生草本植物。

地涌金莲花形态结构

花序轴粗壮，直立，直接生于假茎上，密集如球穗状，长 20~25 厘米，我们所看到的莲花状大“花朵”其实不是花冠，而是花序轴上的“苞片”，真正的花着生在苞片的掖间。苞片干膜质，黄色或淡黄色，宿存；每一苞片内有花 2 列，每列 4~5 花，下部苞片内的花为两性花或雌花，上部苞片内的花为雄花；花冠 5 瓣，淡黄色微带淡紫；花瓣下部联合呈管状，合生花被片卵状长圆形，先端具 5 齿裂，离生花被片先端微凹，凹陷处具短尖头。雄蕊 5 枚；子房 3 室，胚珠多枚。

（蔬菜作物——列当科作物）

苁 蓉

●苁蓉，又名大芸、寸芸、查干告亚（蒙语），原产于西亚各国及我国新疆、甘肃、内蒙古的荒漠草原和沙漠地带。在我国采集食用已有一千多年的历史。因具有“滋肾壮阳、补益精血”之功，素有“沙漠人参”之美誉。自古就被西域各国作为上贡朝廷的珍品。苁蓉是当地人们烹饪菜肴的食材，其地下肉质茎和地上花径，可炖肉烧菜，煲汤煮粥，味美可佳，它既是美食又是药膳，深受人们的青睐。苁蓉入药，列入药典，由来已久。是我国传统的名贵中药材。

●肉苁蓉是一种生长在荒漠草原带及荒漠区的湖盆低地、盐化低地，寄生在梭梭、红柳、白刺、沙枣等植物根部。原多为野生，由于人们过度的采集，已列为世界濒危保护植物。可喜的是，近年来在我国产区，通过人工接种培育，已有较大面积种植，逐步形成了一个有希望的新兴产业。

肉苁蓉为列当科多年生寄生性肉质草本植物。

苁蓉花的形态特征结构

花，穗状花序圆柱形，长 5~20 厘米；每花下有卵形或矩圆状披针形 2 只小苞片，基部与花萼合生；花萼钟状，淡黄色或白色，长度约为花冠管的 1/3，5 浅裂，裂片卵形或近圆形；花冠管状钟形，管部白色，顶端 5 裂，裂片半圆形，淡紫色；有雄蕊 4 枚，二强，近内藏，花药与花丝基部具皱曲长柔毛，花药顶端具聚尖头；子房上位，花柱、柱头乳白色。

第三篇

果品作物篇

果品，是水果、干果的总称。是人们生活的必需品。一般果品都含有丰富的多种维生素、矿物质、糖类和有机酸，这些都是增进人体健康不可或缺的营养物质。

我国果树栽培历史悠久，桃、李、梨、杏、梅、樱桃、枣、柿、荔枝、龙眼、枇杷、杨梅、银杏、板栗、柑橘等果品，已有 3 000 多年的栽培历史。在长期的种植过程中，培育了许多优良品种，现在世界各国栽培的这些果品作物都是从中国直接或间接引进的。

果品作物的种植，是我国发展农业多种经营的骨干项目之一.积极发展果品经济，是广大农村致富的重要途径，对农业商品生产、繁荣市场、积累财富、发展旅游观光业以及为轻工业提供原料和促进外贸创汇都有重要意义。因此，果品作物的种植是一项具有显著经济效益、社会效益和生态效益的产业。

果品作物的花与果示意图

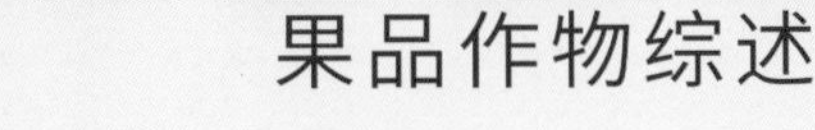

果品作物综述

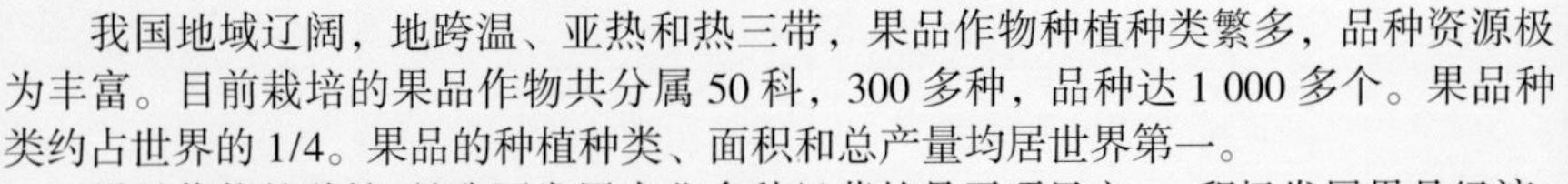

我国地域辽阔，地跨温、亚热和热三带，果品作物种植种类繁多，品种资源极为丰富。目前栽培的果品作物共分属 50 科，300 多种，品种达 1 000 多个。果品种类约占世界的 1/4。果品的种植种类、面积和总产量均居世界第一。

果品作物的种植，是我国发展农业多种经营的骨干项目之一。积极发展果品经济，是广大农村致富的重要途径，对农业商品生产、繁荣市场、积累财富、发展旅游观光业以及为轻工业提供原料和促进外贸创汇都有重要意义。因此，果品作物的种植是一项具有显著经济效益、社会效益和生态效益的产业。

果品除鲜食外，还是我国食品工业的重要原料，大多数果品都可制成加工品，如果干、果汁、果酱、果酒、蜜饯、果脯、果冻、罐头。有的果品还可提取香精油，果胶等。

果品作物的分类

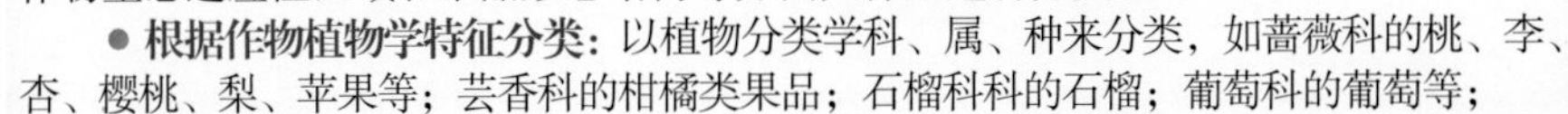

果品，是水果、干果的总称。果品作物的种类很多，主要依据可按作物植物学特征、作物生态适应性区域和果品形态结构等方面大体上进行分类。

● **根据作物植物学特征分类：**以植物分类学科、属、种来分类，如蔷薇科的桃、李、杏、樱桃、梨、苹果等；芸香科的柑橘类果品；石榴科科的石榴；葡萄科的葡萄等；

● **根据植物生态适应性区域分类：**分为温带、亚热带、热带果品作物。如温带落叶果树带主产的桃、李、杏、苹果、红花、山楂、柿、枣、北方系核桃、板栗等；亚热带常绿果树带主产的柑橘类、枇杷、杨梅、荔枝、龙眼和落叶果树葡萄、石榴、无花果、葡萄、核桃、板栗等；热带常绿果树带主产的香蕉、椰子、槟榔、杧果、莲雾、火龙果、菠萝、番木瓜等。

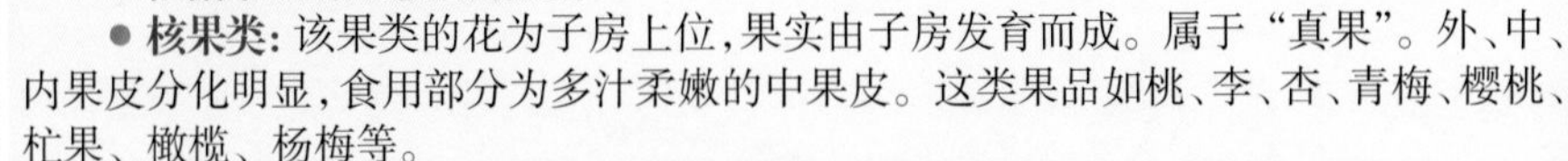

● **根据果品的形态结构分类：**

● **核果类：**该果类的花为子房上位，果实由子房发育而成。属于“真果”。外、中、内果皮分化明显，食用部分为多汁柔嫩的中果皮。这类果品如桃、李、杏、青梅、樱桃、杧果、橄榄、杨梅等。

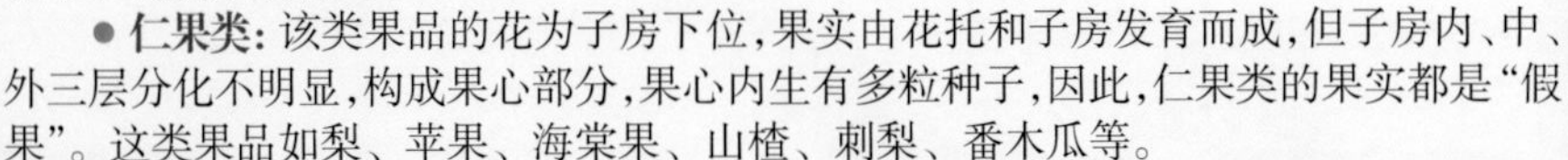

● **仁果类：**该类果品的花为子房下位，果实由花托和子房发育而成，但子房内、中、外三层分化不明显，构成果心部分，果心内生有多粒种子，因此，仁果类的果实都是“假果”。这类果品如梨、苹果、海棠果、山楂、刺梨、番木瓜等。

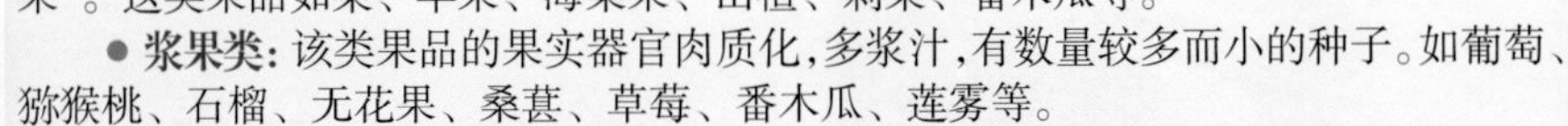

● **浆果类：**该类果品的果实器官肉质化，多浆汁，有数量较多而小的种子。如葡萄、猕猴桃、石榴、无花果、桑葚、草莓、番木瓜、莲雾等。

● **坚果类：**该类果品的果实由子房（或胚珠）发育而成，可食用部分为种子，含水量较少，也称为干果。如核桃、板栗、榛子、银杏、腰果等。

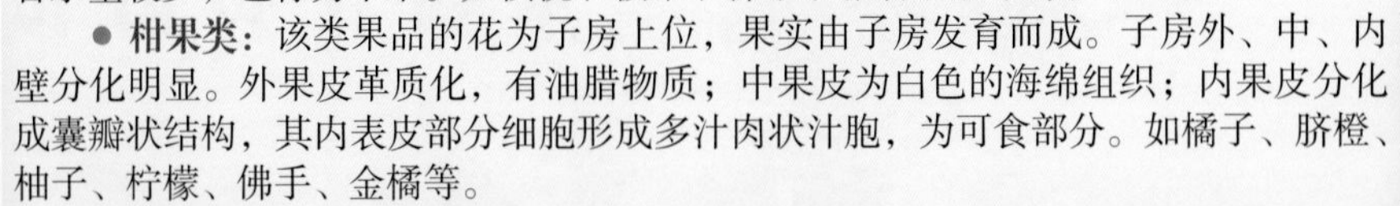

● **柑果类：**该类果品的花为子房上位，果实由子房发育而成。子房外、中、内壁分化明显。外果皮革质化，有油腊物质；中果皮为白色的海绵组织；内果皮分化成囊瓣状结构，其内表皮部分细胞形成多汁肉状汁胞，为可食部分。如橘子、脐橙、柚子、柠檬、佛手、金橘等。

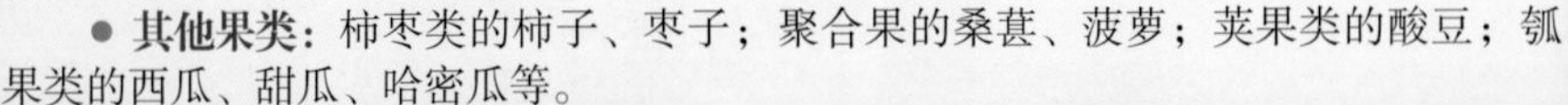

● **其他果类：**柿枣类的柿子、枣子；聚合果的桑葚、菠萝；荚果类的酸豆；瓠果类的西瓜、甜瓜、哈密瓜等。

（果品作物——蔷薇科作物）

桃

●桃原产于中国，已有4 000多年的栽培历史。在食用鲜桃果的果形、果色、果味、肉质和以核仁为食的坚果以及观赏用花果等方面都培育出了许多优良品种，享誉全球。

●桃果汁多味美，芳香诱人，色泽艳丽，营养丰富，是人们最为喜欢的夏令鲜果之一。桃果除鲜食外，还可加工成桃脯、桃酱、桃汁、桃干和桃罐头。

●产于我国新疆天山南麓地区一种叫巴旦木的扁桃品种系列，其果实的果肉干瘪酸涩，不堪食用，然而它的果核较大，核仁香脆甘甜，营养成分极高，相当于同等重量牛肉的6倍。是坚果中的珍品，广受人们的青睐。

●在那桃花盛开的季节，近年来各地产区兴起的赏花节，吸引着大量的观光客。人们在那令人陶醉的艳丽花海之中，有的吟诗抒怀，有的哼曲作乐，有的摄影作画留下美好记忆。姑娘们着装时髦亮丽与花比美，小伙们在花下默默地祈祷着桃花运的到来。在这其乐融融的场景中，人们心旷神怡地领略着大自然之美和人与自然的和谐，感悟着精神文明的升华。

桃为蔷薇科中型落叶乔木植物。

桃花形态结构

桃花的花冠有红、粉红和白色之分，因品种不同而异，花瓣5裂；花萼红褐色，萼片5裂；有雄蕊多枚，分生，花丝粉红色，花药黄色；有雌蕊1枚，柱头头状，子房上位，心室1个，胚珠1枚；花柱、子房外壁有绒毛。

其果实由子房发育而成，属核果类果品。

桃花形态结构

碧桃

巴旦木（扁桃）

白花桃

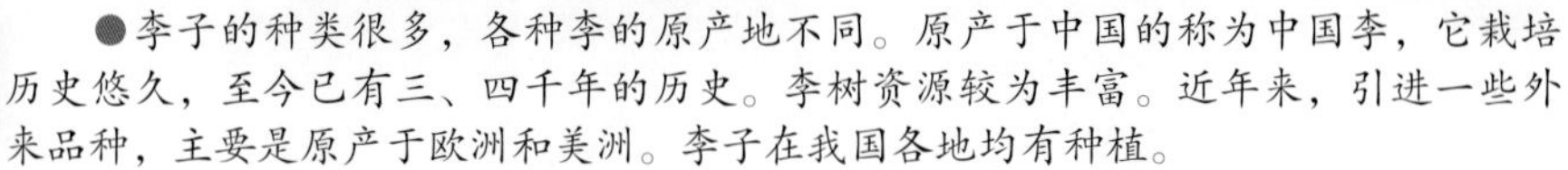

（果品作物——蔷薇科作物）

李　子

●李子的种类很多，各种李的原产地不同。原产于中国的称为中国李，它栽培历史悠久，至今已有三、四千年的历史。李树资源较为丰富。近年来，引进一些外来品种，主要是原产于欧洲和美洲。李子在我国各地均有种植。

●李的品种很多，主要以果实的果色、果形、果肉质地来分。当今在我国栽培的树种有 100 多种；李果营养丰富，酸甜可口，具有特殊香气，是人们喜爱的果品之一。李果除鲜食外还可加工成果脯、罐头、果酱、果酒等。

李树为蔷薇科多年生落叶小乔木植物。

李子花形态结构

（见下图）

其果实由子房发育而成，属核果类果品。

李子花形态结构

（果品作物——蔷薇科作物）

杏

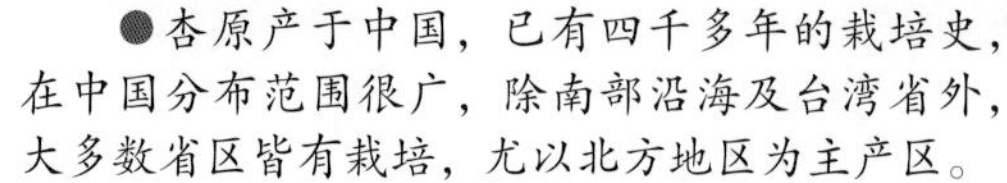

●杏原产于中国，已有四千多年的栽培史，在中国分布范围很广，除南部沿海及台湾省外，大多数省区皆有栽培，尤以北方地区为主产区。

●我国杏的栽培品种资源非常丰富，品种很多，大致可分三大类型：肉用型（食用果肉），也是主要类型；仁用型，果肉较少而口味较差，但仁大而适合食用（或药用）；果肉、果仁兼用型。

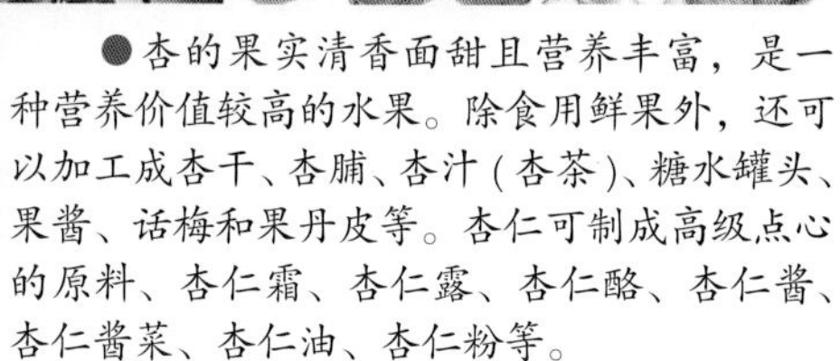

●杏的果实清香面甜且营养丰富，是一种营养价值较高的水果。除食用鲜果外，还可以加工成杏干、杏脯、杏汁（杏茶）、糖水罐头、果酱、话梅和果丹皮等。杏仁可制成高级点心的原料、杏仁霜、杏仁露、杏仁酪、杏仁酱、杏仁酱菜、杏仁油、杏仁粉等。

杏树为蔷薇科多年生落叶乔木植物。

杏花形态结构

花单生，花冠由5瓣花瓣组成，花蕾和开花初为淡粉红，后逐渐变为白色；花萼萼片5裂，暗红色，背面有绒毛；花柄较短，着生在花序枝上，为总状花序。

雄蕊多数，分生，花丝较长，白色，花药黄色；雌蕊1枚，柱头头状，花柱短于花丝，子房上位，长圆形，子房壁外有绒毛，心室1个，胚珠1枚。杏花自花授粉率不高。

其果实由子房发育而成，属核果类果品。

（果品作物——蔷薇科作物）

梅 子

●梅子，亦称青梅、酸梅、果梅。原产我国，栽培果梅已有3 000多年历史，种质资源丰富，分别有青梅、白梅、红梅三大品系，200多个品种。在全国分布地域范围较广，是我国的特产果树。

●梅子果实，果大皮薄，有光泽，肉厚核小，质地脆细、汁多，且营养丰富，含有多种有机酸、维生素、黄酮和碱性矿物质等人体所必需的保健物质。因此，被誉为保健食品。然而，它的果肉酸度很高，果实鲜食者较少，主要用于食品加工。其加工品有咸梅干、话梅、糖青梅、清口梅、梅汁、梅酱、梅干、绿梅丝、梅醋、梅酒等。这些制品备受国内外食客们的青睐，特别是受到日本及东南亚各国人们的喜爱，销路很广。由于这些制品制作简单，便于贮藏和运输，宜在偏远贫困地区发展，是脱贫致富的门路之一。

梅子为蔷薇科杏属小乔木果树。

梅子花形态结构

花与杏花近似。花单生或2朵同生于枝芽内，直径2~2.5厘米，香味浓，先于叶开放。花梗短，长约1~3毫米，常无毛；花萼通常红褐色，有些品种花萼为绿色或绿紫色，萼筒宽钟形，无毛或有时被短柔毛，萼片卵形或近圆形，先端圆钝；花冠5瓣，花瓣倒卵形，白色或淡红色，瓣基部粉红色；雄蕊多枚，分生，花丝白色，花药淡黄；雌蕊1枚，淡黄绿色，子房密被柔毛，花柱短或稍长于雄蕊。

（果品作物——蔷薇科作物）

樱桃 1 ·（中国樱桃）

●樱桃在我国已有几千年栽培史，原产于我国的樱桃，在世界樱桃产地系列当中，称作“中国樱桃”，由于栽培历史悠久，培育出了许多优良品种驰名中外。

●近年来，我国从北美洲引进樱桃优良品种欧洲甜樱桃——车厘子，已在各地推广种植。

樱桃为蔷薇科落叶乔木果树。

中国樱桃花形态结构

花冠白色或粉红色，花瓣 5 片，卵圆形，先端下凹或二裂；通常 3~6 朵花形成伞形花序式的花束或为总状花序。

花萼圆筒形，萼片 5 裂，卵圆形或长圆状三角形，红紫色，花梗较长。

两性花，雄蕊分生，多枚，与花瓣同着生于萼管上；雌蕊 1 枚，子房上位，有胚珠 2 枚，花柱延长，柱头头状；其果实由子房发育而成，属核果类果品。

（果品作物——蔷薇科作物）

樱桃2·（欧洲甜樱桃——车厘子）

●欧洲甜樱桃——车厘子，是樱桃的一个品种，原产于欧洲。近年来从北美洲引进中国，因其果形较大，果肉肥厚，果色紫红靓丽，果味甘甜，品质优良，且单株产量较高，颇受果农和食客的欢迎，现已在我国各地广为种植。

车厘子为蔷薇科落叶乔木果树。

车厘子花形态结构

车厘子的花结构与中国樱桃基本类同。区别之处在于其花冠较大，花瓣边缘无齿；花萼深绿色，花梗较短；雌雄花蕊细而较短，花丝长度只相当于花瓣长的1/2~2/3。

（果品作物——蔷薇科作物）

梨

●梨树在我国栽培的历史悠久，据载已有 4 000 多年。是南北各地栽培最为普遍的一种果树。在长期的栽培中培育出很多品质优良的品种，果形、果色、果质、果味多样，荣誉全球。四川产的苍溪雪梨果形大，足有 1~2 千克；甘肃产的棠梨只有 20 克左右。

●梨果鲜美，肉脆多汁，酸甜可口。梨果还可以加工成梨干、梨脯、梨膏、梨汁、梨罐头等，是人们十分喜爱的果品。

雄蕊 花药 花丝
花蕊
柱头 花柱 子房 雌蕊群（5枚）
萼片
花托
花瓣
花梗

梨花形态结构

梨树为蔷薇科多年生木本植物。

梨花的形态特征

花为子房下位，果实由花托和子房发育而成，但子房内、中、外三层分化不明显，构成果心部分，果心内生有多粒种子，形成一个假果（亦称梨果）。属仁果类果品。

梨花的花序为伞房花序

（果品作物——蔷薇科作物）

苹 果

●苹果原产于欧洲中东部、中亚中国新疆地区。原产于我国的绵苹果和花红，已有1 600多年的栽培史，其果形较小，质地偏绵。现今我国大面积种植的苹果，多是近百年来，引入的外来大果形苹果品种。目前，我国已成为世界苹果的主要产区，也是我国最多的果品。

苹果、花红与海棠

●苹果形美色鲜、芳香可口、营养丰富，是人们较为喜爱果品。苹果品种很多，成熟期有早有迟，且耐储，供应时间较长。除鲜食外可制作果酒、果酱、果干、果脯、罐头等加工制品。

苹果树为蔷薇科多年生落叶小乔木植物。

苹果花形态结构

苹果花为伞房状聚伞花序，每花序着生花5~8朵。花蕾和初花荤红色，花展后渐变为白色。花冠5瓣，有雄蕊20枚，雌蕊4~5枚，子房下位，柱头头状。苹果花绝大多数品种自花授粉不能结实，必须不同品种间异花授粉才能获得一定产量要求的果实。

果实的发育状况与梨果相似，为假果。属仁果类果品。

（果品作物——蔷薇科作物）

花　红

●花红，果形较小，亦称小苹果，原产于我国新疆和西北地区，已有 1 600 多年的栽培历史；现在这些地区广为种植。

花红为蔷薇科苹果属多年生小乔木植物。

花红花形态结构

花红的花：与苹果花相似，伞房花序，有花 4~7 朵，聚生在小枝顶端；花梗较长，密被柔毛；花展直径 3~4 厘米；萼筒钟状，萼片三角披针形，先端渐尖，全缘，内外两面密被柔毛，萼片比萼筒稍长；花瓣倒卵形或长圆倒卵形，基部有短爪，淡粉色；雄蕊 17~20 枚，花丝长短不等，比花瓣短；花柱 4~5 只，基部具长绒毛，比雄蕊较长。

其果实为假果，属仁果类果品。

（果品作物——蔷薇科作物）

海棠果

●海棠果原产于我国，现主要分布在华北、东北南部，内蒙古及西北等地区种植。

●海棠果皮色泽鲜红夺目，果肉黄白、黄红色，果香馥郁，鲜食酸甜适度，香脆可口。果实除生食外，大多供加工，是制作果酱、果丹皮、蜜饯、腌制果脯、酿制果醋、果酒的上好原料。

海棠果树为蓄薇科苹果属多年生小乔木。

海棠果花形态结构

花两性；伞形或近伞形花序，每花序轴具花 4~10 朵；花梗细长，被短柔毛；萼筒外面有长柔毛；萼裂片 5 裂，披针形，两面均被柔毛；花冠白色或带粉红色，花瓣 5 片，倒卵状椭圆形。基部有短爪；有雄蕊 20 枚，花丝长短不齐，约等于花瓣 1/3；雌蕊花柱 4~5 枚，基部有长绒毛，较雄蕊长。开花期为春季 4—5 月。

（果品作物——蔷薇科作物）

山　楂

●山楂原产于我国北方，现在华北、西北及东北地区广为种植。

●山楂果鲜食味酸甜，以酸为主。除鲜食外，山楂果又可制作果丹皮、蜜饯、山楂干、山楂糕、果酱、果汁、罐头、果醋、酸甜饮料等系列制品。北京驰名中外的糖葫芦就是以山楂果制作而成。

山楂树为蔷薇科多年生灌木或小乔木植物。

山楂花形态结构

山楂花形态结构

山楂花为顶生的伞房花序，每花序轴着花10~30朵。花梗较长，花萼钟状，萼片5裂；花冠白色，花瓣5片；有雄蕊20枚，花丝底部黏合，上部分离，其中10枚花丝向内弯曲，10枚外延弯曲，花药红和胭褐色；雌蕊子房下位，1~5室，有中轴胎座，每室有发育的胚珠1枚。花柱4~5裂，柱头扁圆形。

（果品作物——蔷薇科作物）

刺 梨

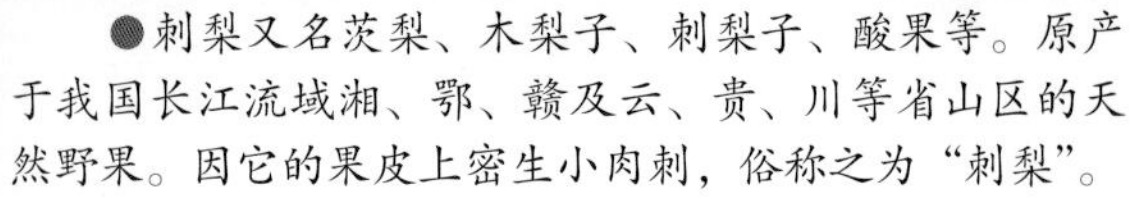

●刺梨又名茨梨、木梨子、刺梨子、酸果等。原产于我国长江流域湘、鄂、赣及云、贵、川等省山区的天然野果。因它的果皮上密生小肉刺，俗称之为“刺梨”。

●刺梨全株和果实带刺，且果味酸涩，长期被人们冷落，除少数地方用来泡酒作药，家庭酿酒和庭院栽种构筑刺篱外，很少开发利用。任其在山中自生自息。

经研究发现，刺梨果实内含有丰富的维生素 C，每百克鲜果可含维生素 C 2 000 毫克，可谓“维 C 之王”；是滋补健身的营养珍果，具有较大的开发利用价值。

近期，产区各地大力开发利用，许多地方已发展成了以刺梨饮品果汁及果酱、果酒、果脯、糖果、糕点等为主的地方特色产业，产品受到人们的青睐，使这一自然宝库得到利用。

刺梨为蔷薇科多年生带刺落叶小灌木植物。

刺梨花形态结构

花两性，单生于小枝顶端，花萼基部连合，膨大而成花盘，萼片 5 裂，表面密被细长刺针；花冠 5 瓣，倒卵形，上缘深凹，单瓣或重瓣，有白色、粉红色、深红色、紫红色等，雄蕊多数，离生，花丝、花药黄色；子房上位，花柱分离，柱头头状，有网纹。

（果品作物——蔷薇科作物）

枇 杷

●枇杷树属亚热带树种，原产于我国西部地区。现全国各地都有栽培。长江流域及以南各省多作果树栽培。

●枇杷是我国人们喜爱的水果之一。

●枇杷除作水果食用外，亦是中药的原料。其果、叶可制作“枇杷露”。中医认为有润肺、止咳、止渴的功效。

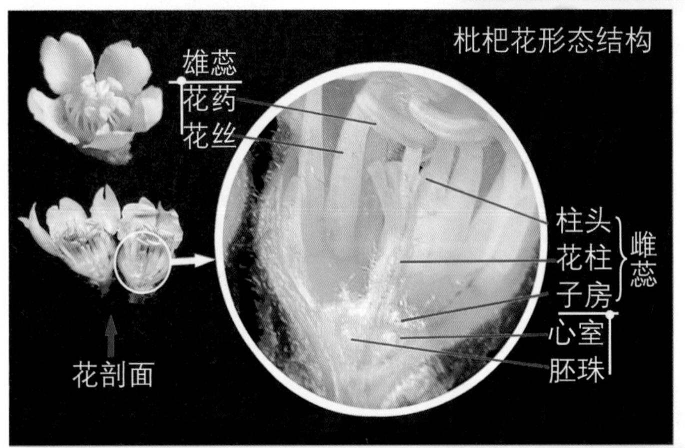

枇杷为蔷薇科多年生常绿小乔木植物。

枇杷花形态结构

枇杷一般在头年秋天或初冬开花，次年春天至初夏果实成熟。花冠白色或淡黄色，芳香。花多而紧密，排成顶生的圆锥花序；花序枝、花柄及萼筒密生锈棕色或橙黄色绒毛。花为完全花，萼片5裂；花瓣5片，花瓣内面有绒毛，基部有爪。花展直径1.2~2厘米；雄蕊约20枚左右，花丝扁圆，下粗上细，向花心弯曲。花丝、花药淡黄色；雌蕊1枚；子房下位，2~5室，每室有胚珠2枚。

（果品作物——蔷薇科作物）

草 莓

●草莓原产于法国，现在已遍及世界各国广泛种植。20世纪初大果形草莓引入我国种植。目前全国各地均有大面积栽培。

●草莓的果实形美色艳，柔软多汁，酸甜可口，芳香浓郁，营养丰富，因此国内外均把草莓果实视为高档果品。草莓除鲜食外，还可加工成果酱、果汁、罐头等制品，而且是多种饮料、糖果糕点的上等原料。

各种各样的草莓食品

草莓花形态结构

草莓为蔷薇科一年或多年生常绿草本植物。

草莓花形态结构

草莓花的着生为聚伞花序，每个花序着生3~30朵花。大多数品种为完全花，花径1~2厘米，花柄顶端的花托膨大，呈圆锥形并肉质化，其上着生萼片、花瓣、雄蕊、雌蕊。花冠5瓣，有时多达7~8枚，花瓣白色或红色；有花萼5枚，萼片卵状披针形，同时还有副萼片5枚；雄蕊多为5的倍数，一般有20~35枚；雌蕊离生，螺旋状整齐排列在凸起的花托上。依花的大小不同，雌蕊的数目也有差异，通常60~600个。由子房发育成瘦果。

草莓的“果实”为聚合果，由发育成熟膨大的花托和相嵌在其上的许许多多小瘦果构成。属浆果类果品。

采莓乐

（果品作物——蔷薇科作物）

树　莓

●树莓，有很多别名，各地称谓各异，如山莓、覆盆子、悬钩子、覆盆、覆盆莓、野莓、木莓、山抛子、牛奶泡、撒秧泡、四月泡等。树莓分布于我国各地，原多为野生，通常生长在山区、半山区的溪旁、路边、山坡灌丛中和林边。作为水果，近些年来在一些地方已开展驯化和培育，并有较大面积种植，是一个很有开发价值的水果树种。

●树莓品种多样，特性各异，有的适宜鲜食，有的适宜加工，有的用以作药。作为水果食用的树莓，果实色泽多样，靓丽剔透，有红色、黄色、黑色、紫色、蓝色等。

随着树莓进入果品市场，受到食客们的喜爱。

树莓为蔷薇科多年生小灌木果树。

树莓花形态结构

花单生或少数生于短枝上；花梗长0.6~2厘米，具细柔毛；花萼外密被细柔毛，无刺；萼片卵形或三角状卵形，长5~8毫米，顶端急尖至短渐尖；花冠5瓣，花瓣长圆形或椭圆形，白色，顶端圆钝，长9~12毫米，宽6~8毫米，长于萼片；有雄蕊多数，花丝宽扁而长，花药淡黄色；有雌蕊多数，有序地聚生在凸起的锥状膨大花托上，子房有柔毛。

树莓的果实为聚合果，由若干个小核果组成。果实成熟后，从花托上脱落，形成碗状聚合果。

（果品作物——芸香科作物）

柑橘综述

●柑橘，是橘、柑、橙、金柑、柚、柠檬、佛手等的总称。是果品中的一个大家族。

●我国是柑橘类果树的原产地，栽培历史悠久，迄今已有4 000多年的栽培历史，柑橘果树资源丰富，种类繁多，现在世界各国的各种柑橘，都是由我国传入的。我国柑橘分布很广，南起海南岛，北至华北和西北，都有分布，计有20个省份。柑橘种植面积和总产量，在果树中均居首位。

●柑橘果实的色、香、味和营养均优，鲜食汁多爽口，风味优美，是人们喜爱的一种果品。柑橘除供鲜食外，还可加工制作蜜饯、罐头、果汁、果干、果酒、果酱等；果皮还可提炼果胶、香精油、甙糖等；枳壳、橘皮、橘络、橘籽又是制作中成药的好原料。

柑橘类果树为芸香科多年生常绿小乔木或灌木。

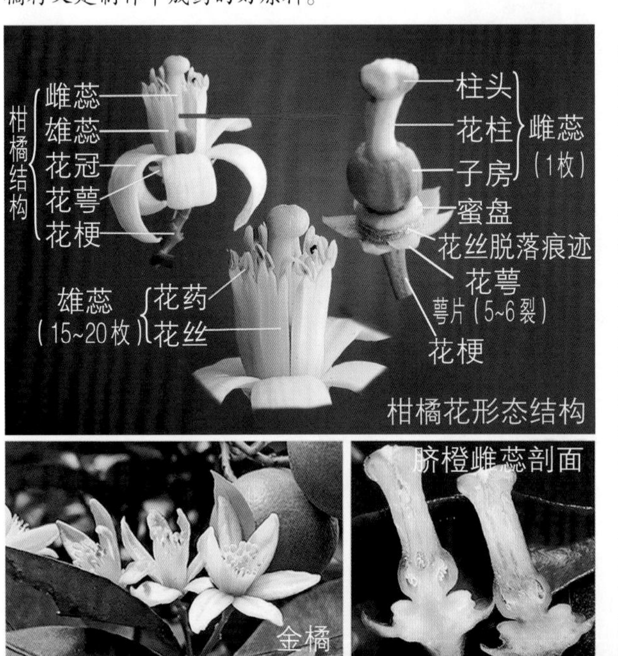

柑橘花形态结构

柑橘花形态结构综述

柑橘的花多为完全花，即由花萼、花冠、雄蕊、雌蕊和花盘等构成。花萼宿存，萼的先端分裂呈5片；花冠多为5瓣，白色或淡紫色，质厚；雄蕊一般为20~40枚，花丝扁平状，联合或分离，着生在蜜盘（亦叫花盘）上，花丝顶部着生花药，淡黄色，雌蕊位于花的中央，柱头较大，上附乳头状毛，分泌黏液以黏着花粉，花柱粗壮，子房较大；子房之下为花盘，具有蜜腺，能分泌蜜液，花形以柚、佛手为最大，橙类、柑类、柠檬次之，橘类较小，金橘类最小。从花的色泽看，柠檬、佛手、芸香等为淡紫色，其他品种均为白色。柠檬、佛手、金橘一年多次开花，花果同存。其他品种一年开花一次；大多数品种为自花授粉，有些柚子品种为异花授粉。有的品种如脐橙、锦橙、温州蜜橘、无子柚等可单性结实，即不经过授粉而结实。

柑橘的果实为“柑果”，由子房发育而成．其特点是：外果皮角质化，含有色素，嵌有突起或凹陷的油胞，内含芳香油；中果皮海绵状，一般为白黄色，少有红色；内果皮为心皮发育而成的半月状瓣囊，瓣囊表皮的毛状细胞发育而成充满果汁的的“汁胞”，这就是果实的食用部分。

（果品作物篇——芸香科作物）

芸香果

●芸香果又称枸橼、香橼、香水柠檬，是柑橘中较为原始和古老的树种，在我国云南、广西、广东、福建等地都有种植。

●果实卵形或长圆形，形似柠檬，先端有乳状凸起，皮粗厚而有芳香，不容易剥离；瓤囊细小，约10瓣，果肉黄白色，汁液不多，味酸苦，不堪鲜食。可糖渍或提取香精和作药用。亦可在庭院栽培作观赏植物。

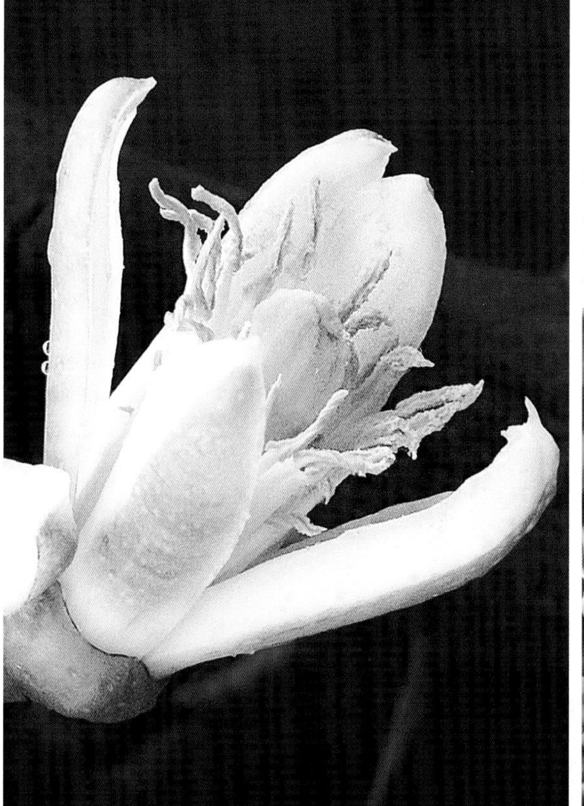

芸香果为芸香科柑橘属枸橼类常绿灌木或小乔木植物。

芸香果花的形态特征

芸香果的花结构与柑橘类的花基本类同，其特点在于一年多次开花结果，花果同存；总状花序，花序枝无叶，花形较大，花冠5瓣，花瓣厚实，里面白色，外面淡紫红色，花芳香；一般为两性花，雄蕊较多，是花瓣的9倍；雌蕊花柱短于花丝；偶有雌蕊退化的单性花。

（果品作物——芸香科作物）

橘　子

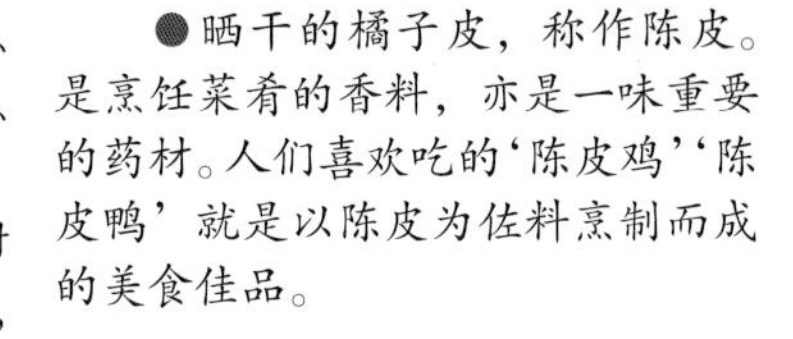

●橘子又称橘、橘柑、柑子。在我国江苏、安徽、浙江、江西、台湾、湖北、湖南、广东、广西、海南、四川、贵州、云南等地均有栽培。

●橘子属于芸香科柑橘属于宽皮柑橘类，是柑橘类果树中最大的一类，品种极多，依其性状差异，分为柑类和橘类。柑类品种有温州蜜柑、碰柑、蕉柑、黄果柑、皱皮柑等；橘类品种有四川红橘、南丰蜜橘、福橘、早橘等。橘子味甜，皮易剥，深受人们喜爱。橘子经过糖渍，压扁制成的橘饼，是上佳的蜜饯。

●晒干的橘子皮，称作陈皮。是烹饪菜肴的香料，亦是一味重要的药材。人们喜欢吃的‘陈皮鸡’‘陈皮鸭’就是以陈皮为佐料烹制而成的美食佳品。

橘柑为芸香科柑橘属多年生常绿小乔木或灌木。

橘子花形态特征

柑和橘的花类同：花小，单生或数朵丛生于枝端或叶腋；花萼杯状，5裂；花瓣5片，白色或带淡红色，开时向上反卷；雄蕊15~30枚，长短不一，花丝常3~5个连合成组；雌蕊1枚，子房圆形或倒卵形，花柱长于花丝，柱头头状。有的品种，如温州蜜柑、南丰蜜橘、碰柑和有些红橘等，在不授粉受精的情况下也能结成无核果实，为单性结实。

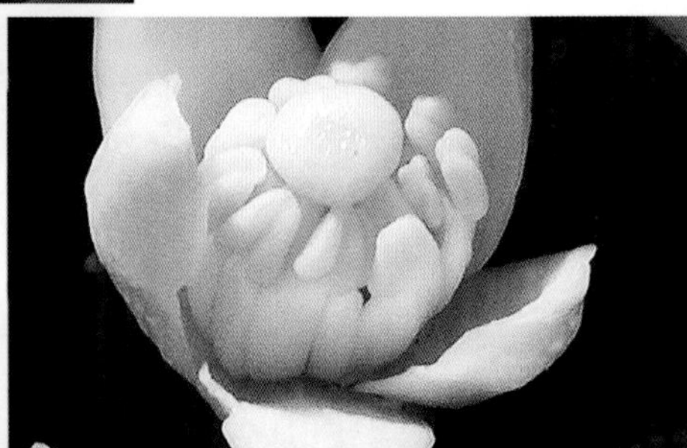

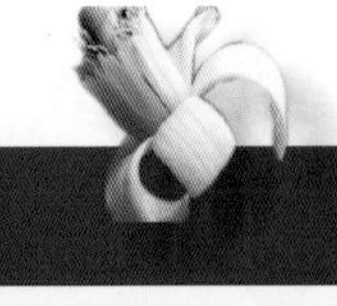

（果品作物——芸香科作物）

脐　橙

●脐橙是柑橘类甜橙系列的一个品系。其特征为果顶有脐，即有一个发育不全的小果实包埋于果实顶部。在中国长江流域以南广大地区都有种植，主产于四川、广东、台湾、广西、福建、湖南、江西、湖北等地。我国脐橙产量居世界之首，除国内市场外，还远销东南亚、俄罗斯、北美等 20 多个国家和地区。

●脐橙果实无核，肉脆嫩，味浓甜略酸，剥皮与分瓣均较容易，果型大，成熟早，主要供鲜食用和榨取果汁饮用，为国际贸易中的重要良种。

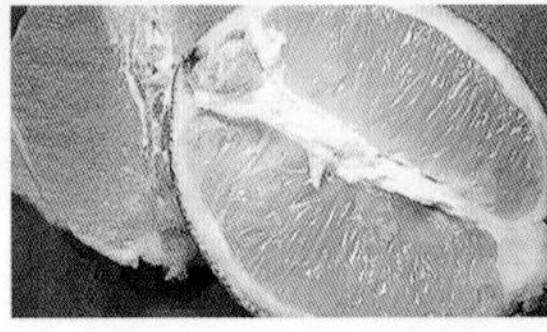

脐橙为芸香科柑橘属常绿小乔木。

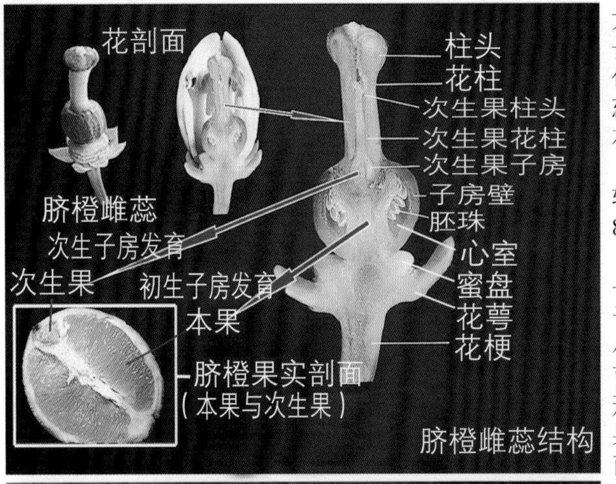

脐橙雌蕊结构

脐橙花形态特征

脐橙花为有叶单花枝，1 朵至数朵簇生于叶腋；花萼杯状，上部 3~5 裂，裂片近似三角形；花冠中等大小，白色，有花瓣 4~8 片，通常为 5 片，长椭圆形，长达 1.5 厘米，宽 0.7 厘米，花瓣背面有半透明状油包；雄蕊多数，花丝常数簇愈合着生在花盘边缘；雌蕊子房上位，着生于花盘中央，10~13 室，子房近球形。花柱粗大而长，柱头头状，较大。

脐橙成年果树在正常的生态条件下，一般开花量较多，一树可达 17 万 ~19 万朵。可是，结果量只有 800 只左右。

脐橙雌蕊的最大特点在于它在初生心皮内怀孕着一个附加的次生小心皮，也可称双重雌蕊，即在初生子房内的心室上方生有一个离层，离层内重生一个较小的的次生雌蕊（次生柱头和子房）。初生心皮经发育成果实的本体，次生心皮发育生成一个小的次生果，形成大果中套小果的果子，也就是我们所看见的脐橙果实顶端凸起的脐眼内的小果瓣，脐橙的称谓即由此而来。

脐橙可单性结实，即不经过授粉受精而结成无核果实。这是因为它的子房内含有较多的生长素，能满足果实生长的需要。

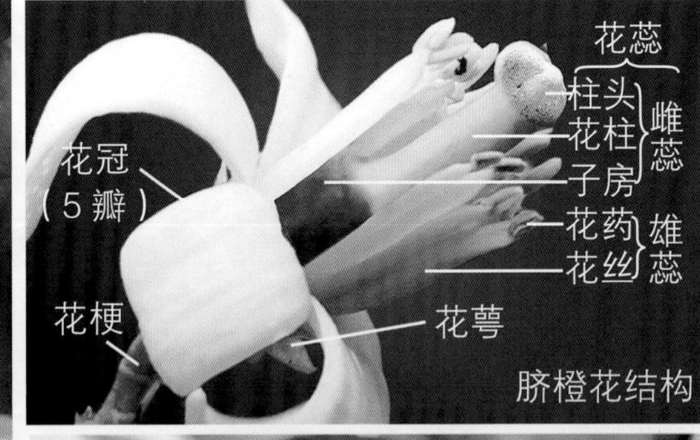

脐橙花结构

（果品作物——芸香科作物）

柚　子

柚子与金橘

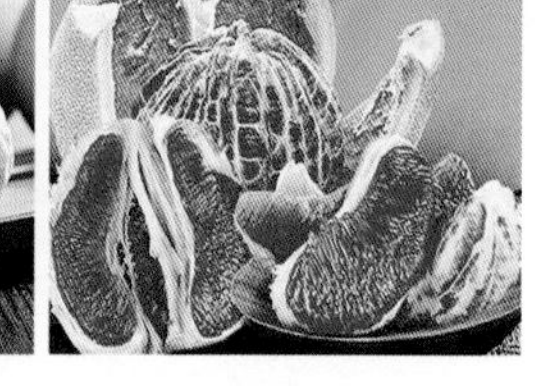

●柚子，又称气柑，为大果形柑橘类水果，在我国长江以南各地广为栽培，我国品种资源极为丰富，优良品种很多，是人们较为喜欢的果品之一。

柚子为芸香科柑橘属乔木植物。

柚子花的形态特征

总状花序，花序轴着生于新生春梢之上，有有叶花序和无叶花序两种类型。有叶花序着花4~8朵，有时兼有腋生单花，无叶花序着花3~45朵不等；花冠较大，花蕾淡绿色，油胞明显；花冠5瓣，花瓣较厚，长1.5~2厘米，有3~4条纹，花展后向后弯曲；花萼不规则3~5浅裂；有雄蕊25~35枚，有时部分雄蕊不育；雌蕊花柱粗长，柱头头状，较大，有的品种柱头略大于子房。

畸形败育花

（果品作物——芸香科作物）

柠 檬

●柠檬产于中国长江以南，四川省安岳县是全国柠檬商品生产基地县，是中国柠檬之乡。其产量、规模、市场占有率均占全国 80% 以上。经中国柑桔研究所连续三年测定，安岳柠檬果实及其柠檬油的品质均优于美国、意大利等世界柠檬主产国。

●因为味道特酸，基本不用作鲜食，主要用作榨汁或切片作饮料，或作为上等调味料，用来调制饮料菜肴、化妆品和药品。

柠檬干

柠檬茶

柠檬为芸香科柑橘属枸橼类的常绿小乔木。

柠檬花形态特征

柠檬一年多次开花，一般集中开放3~4次。除少数单花外，多为无叶花序枝，着花 3~6 朵成总状花序。花冠 5 瓣，中等大小，花瓣长纺梭形，质厚，正面乳白色，背面略带紫红色，有明显半透明油胞，略有香味，雄蕊 20~30 枚，花丝成组联合，雌蕊花柱与花丝大致等长，柱头较大，有乳头状绒毛和黏液。

（果品作物——芸香科作物）

佛　手

●佛手又称佛手柑、五指橘。其果实形如佛手指，故名佛手。有“果中仙品”之称，为热带、亚热带植物，在中国长江以南各地都有栽种。主产于广东、福建、云南、四川等地。

●佛手柑被大量制作成凉果食用，也可切片制干或糖渍作茶饮料；因其果形奇特，香味浓郁而作庭院或盆栽的观赏植物；通常用作中药。

●佛手具有久远、深厚的文化内涵和历史底蕴，已成为一种民俗文化。在文学和美术作品中，历代文人和民间艺人都将金佛手入诗入画，雕梁画柱，窗花剪纸，来表达多福高寿、吉祥如意、丰收喜悦、招财纳宝之意。佛手便成为雅俗共赏的珍品。

佛手为芸香科枸橼类香橼的变种，是常绿灌木或小乔木。

佛手花形态特征

总状花序，每花序轴着花 8~12 朵，常成束开放，有时兼有腋生单花；花两性，有部分雌蕊退化的单性花；花冠 5 瓣，长 1.5~2 厘米，花瓣内侧乳白色，背面淡紫红色；有雄蕊 30~50 枚，花丝分离或局部联合；雌蕊 1 枚，花柱粗壮，柱头头状。

子房在花冠谢花脱落后即行分裂，在果实的发育过程中各心皮分离，生成手指状肉条果瓣。

（果品作物——芸香科作物）

金 橘

●金橘属柑橘类果树小果形的一个树种，在我国南方多为种植。

●金橘的多数品种果小皮厚，果皮肉质化，香甜味浓。金橘一年开花多次，花果并存，树冠小巧，叶小而密生，常绿，是庭院和盆栽观赏的优良树种。人们常把它视为吉祥之物在家庭摆设。

金橘为芸香科柑橘属多年生常绿小乔木或灌木。

金橘花的形态特征

金橘花的形态结构与柑橘的花基本类同，其特点在于花小，单生于叶腋间；雌蕊花柱较短，矮于雄蕊花丝；一年开花多次，花与果同时并存。

金橘果实为柑果，其特点在于果实小，果皮肉质化，外、中、内果皮分化不明显，相互黏合。可带皮食用。

（果品作物——石榴科作物）

石　榴

●石榴　石榴原产伊朗、阿富汗等中亚地带，即古代的安息国。西汉张骞出使西域，得种而归，栽植中原，又名安石榴。现在我国各地广为种植。

●石榴既是人们喜爱的一种果品，又因其树姿美，枝叶秀丽，春夏之季花红叶绿，色彩鲜艳，繁花似锦；秋季金红色的累果悬挂，婀娜多姿，人们又喜欢在园林花园、庭院作为观赏花卉广为栽培。

●国人视石榴树为吉祥物，是美丽 、富贵、吉祥、繁荣的象征；是多子多福的象征。民间婚嫁之时，常以石榴果实或以石榴作画、剪纸窗花相赠祝吉，借石榴多籽，来祝愿子孙繁衍，家族兴旺昌盛。

石榴树为石榴科多年生小乔木植物。

石榴花形态结构

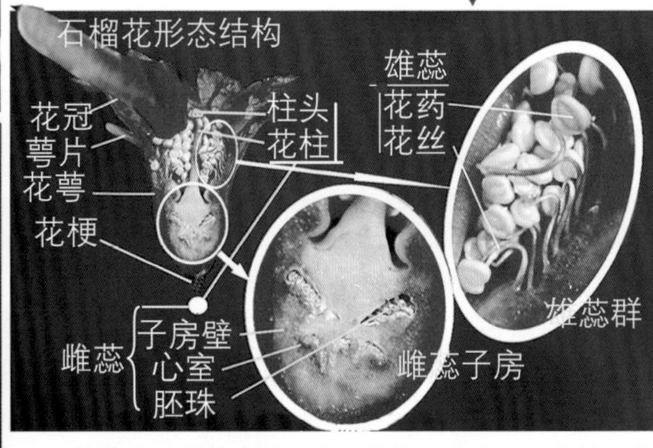

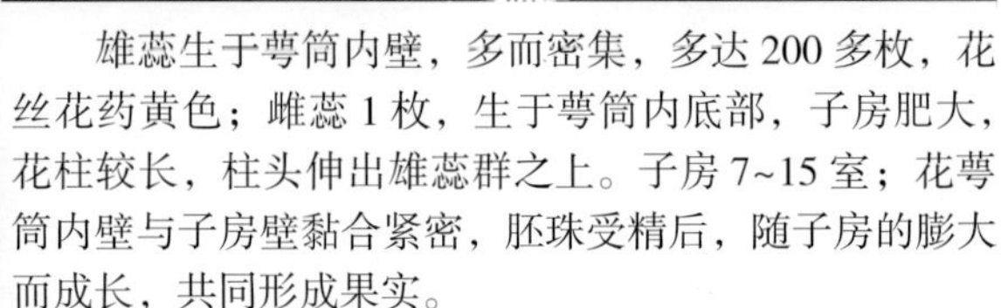

雄蕊生于萼筒内壁，多而密集，多达 200 多枚，花丝花药黄色；雌蕊 1 枚，生于萼筒内底部，子房肥大，花柱较长，柱头伸出雄蕊群之上。子房 7~15 室；花萼筒内壁与子房壁黏合紧密，胚珠受精后，随子房的膨大而成长，共同形成果实。

石榴花根据发育程度不同，分为完全花和不完全花两种。完全花子房发达，花柱粗壮且长，花萼筒粗壮，上下等粗，呈筒状，也叫筒状花。不完全花又叫退化花，子房不发育而退化，雄蕊齐全，发育正常，花萼筒上大下小呈钟形叫钟形花，有人把它误认为是“雄花”。石榴的不完全花数量较大，落花多。

（果品作物——葡萄科作物）

葡 萄

●葡萄是世界最古老的作物之一。原产于欧洲、西亚和北非一带。在我国北方和长江流域广为种植。

●葡萄品种很多。全世界约有上千种，总体上可以分为酿酒葡萄和食用葡萄两大类。人类在很早以前就开始栽培这种果树，现今，种植面积和产量都是世界水果生产第一位的果树。

●葡萄不仅可供鲜食，更是酿酒、制汁、制干和制作罐头的上等原料。

葡萄为多年生落叶藤本植物。

葡萄花形态结构

大多数栽培的葡萄品种是完全花，一般能自花授粉结实。也有一些品种雌蕊发育正常，而花粉无生殖力，栽培时需配置完全花类型的植株作授粉品种。

葡萄花小，黄绿色，组成圆锥花序。花冠形似帽状，开花时花冠基部呈5片裂开，由下向上卷起呈帽状脱落，露出一个雌蕊和5~6个直立的雄蕊（右图）。雌蕊柱头头状，花柱粗短，子房椭圆或圆形，子房上位，2个心室，每室2枚胚珠，受精后形成种子。雄蕊花药淡黄色，花丝长而挺直，白色。

（果品作物——猕猴桃科作物）

猕猴桃

猕猴桃（三大品系）

●中国是猕猴桃的原生中心，世界猕猴桃原产地在中国，因猕猴喜食，故名猕猴桃；亦有说法是因为果皮覆毛，貌似猕猴而得名。

●猕猴桃维生素C含量在水果中名列前茅，一个猕猴桃能提供一个人一日维生素C需求量的两倍多，被誉为“水果之王”。

猕猴桃雌雄花形态结构

猕猴桃为雌雄异株的大型落叶木质藤本植物。

猕猴桃花形态结构

花冠有花瓣5片，有时少至3~4片或多至6~7片，阔倒卵形，单生或数朵生于叶腋。花开初为乳白色后变淡黄色，有香气。

猕猴桃为雌雄异株，雌花外表上有明显的子房、花柱和雄蕊群，而花药中的花粉是不育的。子房上位、多室。雄株上的花为雄花，雄蕊群发达且花粉多；雄花子房退化，花柱较短而不孕。雌花株一个花序一般有1~3朵花，雄株仅一朵花。雄花比雌花稍小。

根据果农的种植经验，猕猴桃种植园雌雄株的合理配置，一般掌握在（6~7）：1，产量较高。

（果品作物——柿树科作物）

柿 子

●原产地在中国，在各地分布较广，栽培已有一千多年的历史。目前，中国是世界上产柿最多的国家。

●柿子的品种繁多，有300多种。从色泽上可分为红柿、黄柿、青柿、朱柿、白柿、乌柿等；从果形上可分为圆柿、长柿、方柿、葫芦柿、牛心柿等。在长期的风土驯化和生产实践中，人们培育出不少优良品种。

柿子为柿树科多年生高大落叶乔木植物。

柿子花形态结构

花单性，雌雄异株。雄株中间或有少数雌花，雌株中有少数雄花的花序腋生，雄花小，花萼钟状，两面有毛，深4裂，裂片卵形，有茸毛；花冠钟状，不长过花萼的两倍，黄白色，外面或两面有毛，4裂，裂片卵形或心形。

雌花单生叶腋，花萼绿色，有光泽，深4裂，萼管近球状钟形，肉质，裂片开展，半圆形，有脉，花冠管近四棱形，裂片卵形，上部向外弯曲；有退化雄蕊8枚，着生在花冠管的基部，淡黄褐色。子房近扁球形，8室，每室有胚珠1枚；花柱4深裂，柱头2浅裂。

（果品作物——鼠李科作物）

枣 子

●中国是枣子的原产地，栽培历史悠久，在我国西北、华北地区广为种植。是我国主要的果树之一。

●枣子富含营养物质，自古以来把它作为滋补品食用。枣果除供鲜食外，可晾晒成干果，还可制作多种加工品，如蜜枣、乌枣、酥枣、醉枣、枣泥、枣糕、枣面以及酿制枣醋、枣酒等。枣子又是我国出口农产品之一。

●枣子的谐音是“早子”，民间在婚庆的日子有送枣子的习俗，以祝福新婚夫妇能早生贵子。

枣花形态结构

枣为鼠李科多年生落叶小灌木或小乔木植物。

枣花形态结构

枣花较小，黄绿色。花冠分三层，外层为勺形的萼片，第二层为近似三角形而较厚实的5片花瓣，内层为5枚雄蕊；枣花中央有一发达的蜜环，雌蕊着生在蜜环上，但不与蜜环愈合。雌蕊花柱、柱头二裂，子房多为2室，每室有胚珠一枚。

开花期
5月28日拍摄

同地同树不同时间拍摄
结果期
7月22日拍摄

（果品作物——胡桃科作物）

核 桃

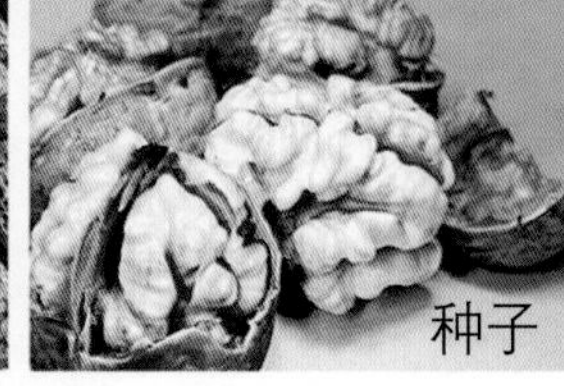

种子

果实

●核桃，又称胡桃，羌桃，它的故乡是亚洲西部的伊朗，汉代张骞出使西域后带回中国。核桃在我国的分布很广，主要生长在海拔400~1 800米之山区及丘陵地带，是国内栽培最为广泛的一种干果类果树。核桃也是世界著名的“四大干果”之一。

●核桃仁含有丰富的营养素，对人体有益，有“万岁子”“长寿果”“养生之宝”的美誉。是深受老百姓喜爱的坚果类食品之一。

核桃树为胡桃科干果类多年生落叶乔木植物。

核桃花形态结构

雌雄异花，同株或异株。雄花：为柔荑花序，长约5~10厘米，有的可达15厘米，花序条下垂，每个雄花序的小花数量可多达100朵以上，雄花的苞片、小苞片及花被片均被腺毛；雄花有雄蕊6~30个，萼3裂，花药黄色，花被6裂，花丝极短，花药成熟时为杏黄色。

雌花：1~3朵聚生，花柱2裂，赤红色。雌性穗状花序通常具1~3（4）雌花。雌花的总苞被极短腺毛；花被4裂，柱头浅绿色，2裂，呈羽状反曲，浅绿色或粉红色，子房外面密生细柔毛，1室，下位。

雌花

雄花

（果品作物——壳斗科作物）

板　栗

雌花

●板栗又叫栗子、栗、风栗等，原产于中国，生长于海拔370~2 800米的地区，在我国各地广为种植，尤以山区为多，我国的板栗品种资源十分丰富，大体上可分炒用、菜用和药用型几种。

●板栗中含有丰富的不饱和脂肪酸和维生素，还有极高的糖、脂肪、蛋白质和钙、磷、铁、钾等矿物质，有强身健体之用。栗子的吃法多种多样，既可鲜食、煮食、糖炒、菜用，又可加工成各种食品。

板栗树为壳斗科干果类多年生落叶乔木。

板栗花形态结构

花单性，雌雄同株；雄花序穗状，生于新枝下部的叶腋，长9~20厘米，被绒毛，淡黄褐色，雄花着生于花序上、中部，每簇具花3~5朵，雄蕊8~10枚；雌花无梗，常生于雄花序下部，外有壳斗状总苞，2~3朵生于总苞内，子房下位，花柱、花柱5~9枚，花柱下部被毛。壳斗边刺直径4~6.5厘米，密被紧贴星状柔毛，刺密生，每壳斗有2~3个坚果，成熟时裂为4瓣。

雄花

（果品作物——桦木科榛属作物）

榛　子

●榛子分布于欧亚大陆和北美洲；中国主产于长江以北各地。主要生长在山地阴坡丛林间。

●榛子营养丰富，其种仁含油量高达 51.6%；人体所需的氨基酸样样俱全，其含量远远高过核桃；各种微量元素如钙、磷、铁含量也高于其他坚果，榛子除榨制优质食用油外，经烘焙炒制的榛子坚果，吃起来香脆可口，是人们青睐的休闲小食品。此外，它的枝干是十分珍贵的木材，其木材坚硬，纹理、色泽美观，可做小型细木工的材料。

榛子树为桦木科榛属多年生灌木或小乔木。

榛子花形态结构

花单性，雌雄同株，风媒花，在树叶生长前开放。

雄花，葇荑花序，顶生或侧生，有多数鳞状苞片；雄花插生于苞腋内，雄花具花被，有雄蕊 2~20 枚，花药 2 室。

雌花序球果状，有多数鳞状苞片，每一苞腋内着生 2~3 朵雌花，雌花无花被，如有花被则与子房贴生；子房 2 室或不完全 2 室，花柱 2 枚，红色，分离，宿存。雌花开花时包在鳞芽内，仅有花柱外露。花后，随子房膨大，苞片发育成长为果苞。果苞片革质、纸质或膜质，扁平、囊状或钟状，宿存或脱落。

果实为坚果。

（果品作物——银杏科作物）

银杏（白果）

●银杏是现存最古老的裸子植物树种之一。它经历了两亿多年气候变迁的沧桑，几乎没有变化地幸运生存下来，被称为“活化石”。作为果品和园林绿化树种种植，已有几千年的历史。现在我国各地广为种植。

●银杏雌树上结的“果子”，人们把它叫作白果，常被认为是果实，其实它不是果实而是种子。

●白果的种仁营养丰富，且具有医疗保健功效，人们常把它作为滋补保健营养品烹制食物。常见的白果炖老鸭、炖乌鸡或仔鸡、炖龟鳖、炖肚条以及熬制的白果大枣莲米银耳羹、白果碎肉粥等，都是备受青睐的滋补品。

银杏为裸子植物，多年生高大乔木，雌雄异株植物。

银杏“花”的形态结构

银杏属裸子植物，雌雄异株，雌性繁殖器官胚珠裸露。其实它没有花，其繁殖器官称作孢子叶球。雌性为大孢子叶球，雄性为小孢子叶球。

大孢子叶球，在长珠柄的顶端，着生着2枚裸露的胚珠（俗称苞头）。

小孢子叶球，呈柔荑花序，生于短枝顶端的鳞片腋内。小孢子叶有短柄，柄端常有2个悬垂的小孢子囊（俗称花粉囊）。

大孢子叶球结构图　　小孢子叶球结构图

珠心
雌配子体
珠孔
外珠被
胚珠剖面
胚珠
大孢子叶球

银杏的“雌花”

没有花冠，没有雌蕊柱头、花柱和子房，胚珠外露（属裸子植物）

银杏的“雄花”

没有花冠，没有雄蕊花药和花丝，只有孢子囊

（果品作物——桑科作物）

无花果

无花果树为桑科多年生小乔木植物。

●无花果原产于阿拉伯南部，被当地人称为“圣果”，大约在唐代传入中国。现全国大多数地区都有无花果分布。

●无花果有“树上结的糖包子”之称，果味甘甜如蜜，营养丰富，可被人体直接吸收的葡萄糖、果糖、多糖较多而含蔗糖量相应较低。被称为低热能食品，是一种减肥、抗衰老的保健食品。

●无花果除鲜食外，还可加工制干、制果脯、果酱、果汁、果茶、果酒、饮料、罐头等。人们还把它用来烹饪菜肴，煲汤、烧菜、炖肉、炖猪蹄。吃起来别有风味。

无花果花形态结构

无花果，在果实的形成过程中，外观只见其果而不见其花，故此而得名。其实，完全是名不副实。它不但有花，而且有许多花，只是它的花隐藏在膨大的囊状花托内而已。

无花果花的花序为隐头状花序，由花托膨大形成囊腔，花着生于腔内囊壁上而构成。单生于叶腋，无花果花为雌雄异花，雄花着生于囊腔内壁的上半部，雌花着生于下部，雄花花被4~5片，有雄蕊3~5枚，雌花花被与雄花相同，子房卵圆形，光滑，花柱侧生，柱头线形2裂。

囊腔顶部有小孔，昆虫从此出入而传粉。

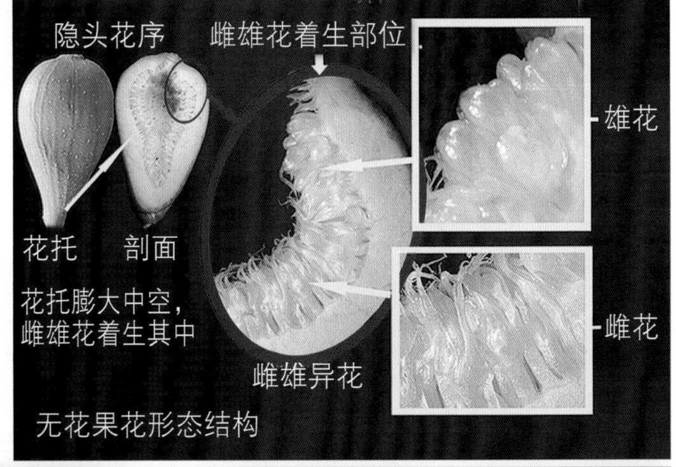

无花果花形态结构

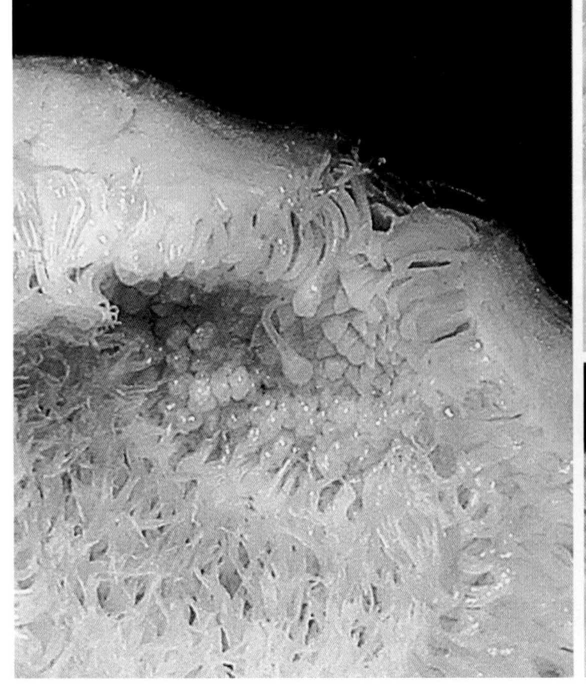

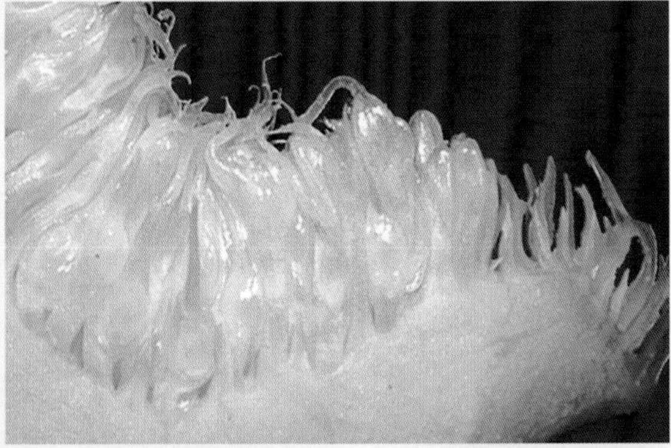

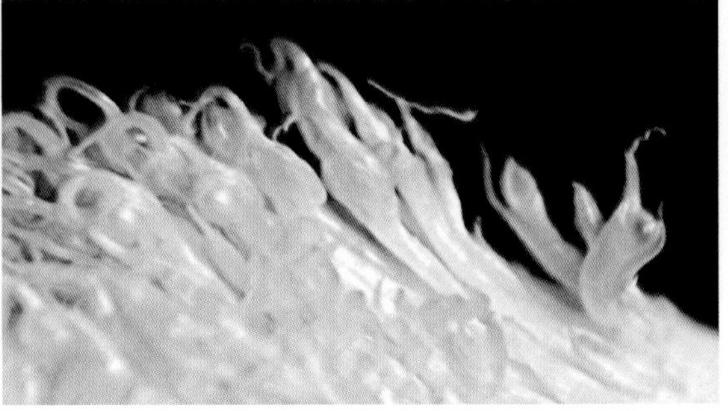

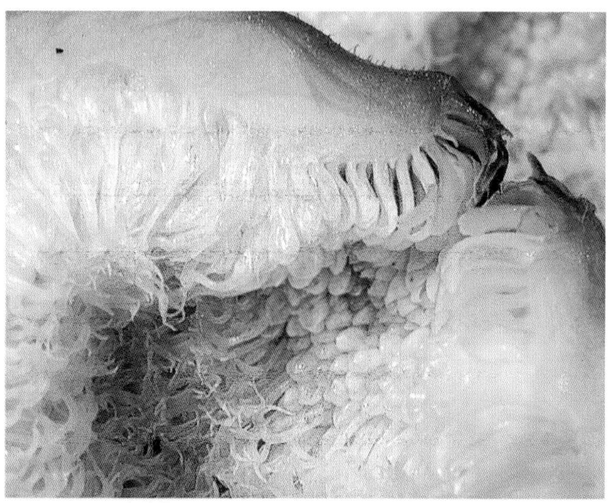

花在囊中

（果品作物——桑科作物）

桑　葚

●桑树原产于中国，在我国南北各地均有种植，桑树叶是养蚕的饲料。其果实叫桑葚，又叫桑果、桑泡儿，汁多味甜，营养丰富可鲜食，泡酒，酿酒，在果品市场深受人们的喜爱。

桑树为桑科多年生小乔木植物。花单性，雌雄异株。柔荑花序，雄花花被4片，宽椭圆形，淡绿褐色。花丝4枚，扁平内折，花药2室，球形至肾形，纵裂；雌花无梗，花被片倒卵形，顶端圆钝，两侧紧抱子房，无花柱，柱头2裂，内面有乳头状凸起。

雌花

雄花

（果品作物——莎草科作物）

荸荠

●荸荠又名马蹄、水栗、乌芋、菩荠等，原产于印度，广布于全世界，中国全国各地都有栽培，以热带和亚热带地区为多。

●荸荠的鳞茎肉质洁白，味甜多汁，清脆可口，既可做水果生吃，又可做蔬菜食用。是大众喜爱的时令之品。

荸荠为单子叶莎草科多年生宿根性浅水生草本植物。

荸荠花形态结构

荸荠为雌雄异花，穗状花序，小穗顶生，圆柱状，直立，淡绿色。花多数；鳞片宽倒卵形，螺旋式或覆瓦状排列，背部有细密纵直条纹；花被6枚，变为刚毛，上具倒生钩；雄花雄蕊2枚，花丝细长，花药深褐色；雌花子房上位，柱头2或3裂，白色。

雄花

雌花

（果品作物——杜鹃花科作物）

蓝 莓

●蓝莓因果实呈蓝色，故称为蓝莓。起源于北美，栽培只有近百年历史。20 世纪 30 年代才有商业性栽培。我国野生蓝莓资源丰富，主要产在大、小兴安岭林区，但开发较晚。近几年来才成功进行中国原产蓝莓人工驯化培植。现今，我国各地广泛种植的蓝莓，主要是从北美引进的品种。

●蓝莓果肉细腻，风味独特，酸甜适度，香爽宜人的香气。它的营养成分含量十分丰富，明显高于其他水果。因此被称为“水果皇后”和“浆果之王”。国际粮农组织将其列为人类五大健康食品之一。蓝莓既可鲜食，也可加工成老少皆宜的各种食品。

蓝莓为杜鹃花科多年生灌木小浆果果树。

蓝莓花形态结构

蓝莓的花为总状花序。花序大部分侧生，有时顶生。花单生或双生在叶腋间，花萼碗状，裂片 4~5 个。花冠坛状，白色或粉红色。花瓣连在一起，顶端浅裂 4~5 片，略向外翻卷。有雄蕊 10 枚，花丝短，花药长于花丝，淡黄色。雌蕊 1 枚，花柱较长伸出花冠，柱头头状。

（果品作物——西番莲科作物）

百香果

●百香果又叫西番莲果，云南一些地方因其花比较美丽，果实丰满，果皮细嫩光滑，把它叫做西施果。

●百香果是原产于美洲热带地区的一种芳香水果，有“果汁之王”的美誉。近年，引入我国在云南、广西、福建等省区有较大面积种植。有的地方作观赏植物在庭院、公园栽培。

百香果为西番莲科多年生常绿攀缘木质藤本植物。

百香果花形态结构

花为聚伞花序，有时退化仅存1~2花。花两性，偶有杂性；萼片5~10片，通常呈花瓣状，其背顶端常具1角状附属器；花瓣5片，有时无，花冠与雄蕊之间具1至数轮丝状或鳞片状副花冠，有时无；内花冠各异；雄蕊通常5枚，处于雌蕊之下；雌蕊由3~5枚心皮组成，子房上位，生于雌雄蕊柄上，1室，具数枚倒生胚珠。夏季开花，花大，微香。

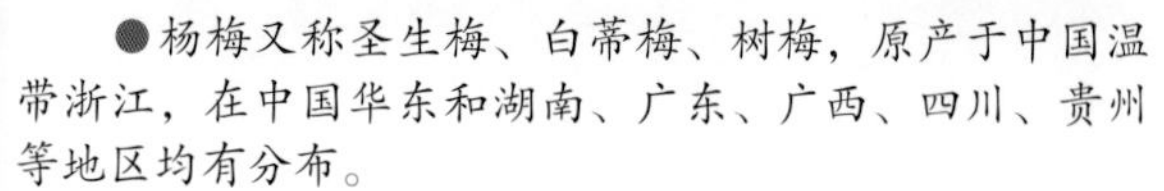

(果品作物——杨梅科作物)

杨　梅

●杨梅又称圣生梅、白蒂梅、树梅，原产于中国温带浙江，在中国华东和湖南、广东、广西、四川、贵州等地区均有分布。

●杨梅具有很高的食用价值和药用价值，果味酸甜适中，既可直接食用，又可加工成杨梅干、酱、果脯、蜜饯等，还可泡酒、酿酒，有止渴、生津、助消化等功能。

杨梅为杨梅科多年生常绿小乔木植物。

杨梅花形态结构

花单性，雌雄异株，偶有同株。

雄花序单独或数条丛生于叶腋，圆柱状，长1~3厘米，通常不分枝呈单穗状，苞片近圆形，全缘，背面无毛，仅被有腺体，长约1毫米，每苞片腋内生1雄花。雄花具2~4枚卵形小苞片及4~6枚雄蕊；花丝短，花药椭圆形，暗红色。

雌花序常单生于叶腋，较雄花序短而细瘦，长5~15毫米，苞片和雄花的苞片相似，密接而成覆瓦状排列，每苞片腋内生1雌花。雌花通常具4枚卵形小苞片；子房卵形，极小，无毛，顶端极短的花柱及2个鲜红色的细长的柱头，其内侧为具乳头状凸起的柱头面。每一雌花序仅上端1雌花能发育成果实。

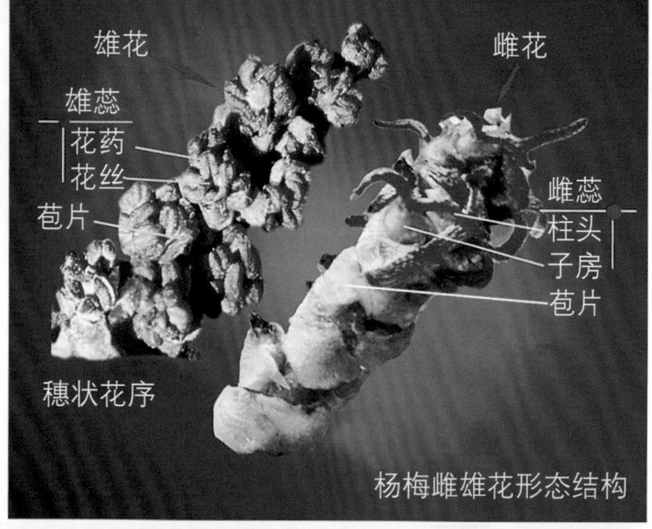

杨梅雌雄花形态结构

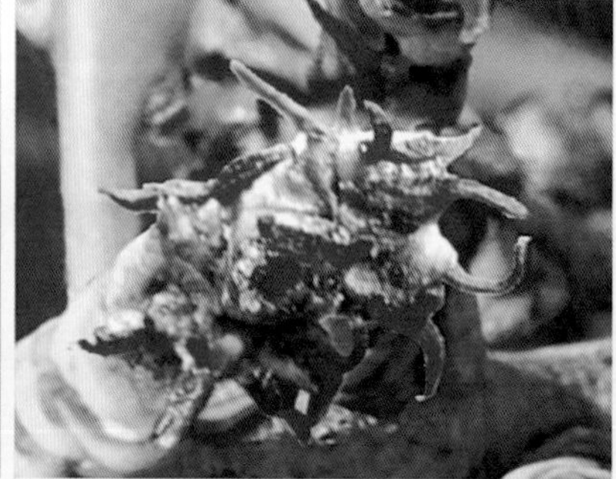

（果品作物——葫芦科作物）

西 瓜

●关于西瓜的由来，说法不一。有的说原产于中国西部地区，有的说是由西域传来，故名西瓜。现今中国是世界上最大的西瓜产地，是我国重要的夏秋水果之一，人人皆食，是大众化的果品。

●西瓜的品种很多，从果形、大小、皮色、瓜瓤和种子的形态来看，各式各样。大型西瓜直径足有30多厘米，重量可达20多千克；小的迷你西瓜直径不足10厘米，重量不足1千克：还有人们喜欢吃的无籽西瓜等。

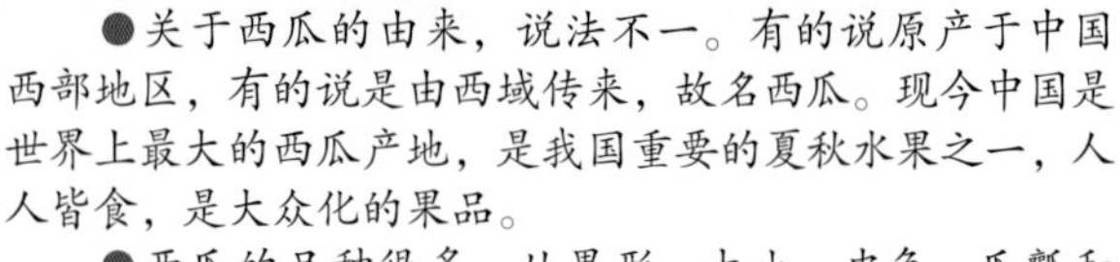

西瓜为葫芦科一年生藤蔓性草本植物。

西瓜花形态结构

花单生，雌雄同株异花。主茎第3~5节现雄花，5~7节后出现雌花。花腋生，花冠5瓣，黄色。雌雄花均具蜜腺，为虫媒花。雄花花托短，有雄蕊3枚。花药靠合，药室规则S形折曲，花丝联合而短；雌花萼5裂，子房下位，圆形或椭圆形，1室，花柱短，柱头3裂，肾形。

西瓜是开半日花的作物，花蕾早晨5—6时开放，10时至午间闭合。

我们吃的无籽西瓜，是根据植物染色体变异的原理培育而来的。

普通有籽西瓜为二倍体植物，即体内有2组染色体。如果用秋水仙素处理其幼苗，可使二倍体西瓜植株细胞染色体成为四倍体，这种四倍体西瓜能正常开花结果，种子能正常萌发成长。然后用这种四倍体西瓜植株做母本（开花时去雄）、二倍体西瓜植株做父本（取其花粉授四倍体雌蕊上）进行杂交，从而得到三倍体种子。三倍体的种子发育成的三倍体植株，这种植株的细胞在减数过程中，同源染色体的联会配对极度混乱，不能形成正常的配子而发育为种子。在开花时，其雌蕊要用正常二倍体西瓜的花粉授粉，为三倍体雌蕊子房提供生长素和生长素酶，促使其子房正常发育成果实。无籽西瓜由此而成。

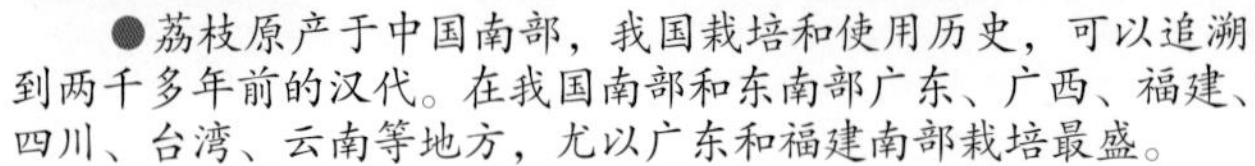

（果品作物——无患子科作物）

荔　枝

●荔枝原产于中国南部，我国栽培和使用历史，可以追溯到两千多年前的汉代。在我国南部和东南部广东、广西、福建、四川、台湾、云南等地方，尤以广东和福建南部栽培最盛。

●在我国南方的福建、广东、广西荔枝产地，已将荔枝的食文化演绎出丰富多彩的蕴含，从鲜食、烘制果干；到制作滋味悠长的荔枝酒、荔枝罐头、荔枝果脯、蜜饯和果汁；到荔果入菜，配制美轮美奂的各式菜肴，可成席成宴。滋味的变换，演绎着人们在传统农业领域的探索与创新。

荔枝全身是宝，可以综合利用，是一种发展前途广阔、实用价值很高的果树。

●传说，唐明皇李隆基的爱妃，蜀人美女杨贵妃，在百果之中有爱吃新鲜荔枝的独特嗜好，她痴迷于吃鲜荔枝具有细肤养颜、润喉亮嗓和丰乳肥臀，维护美体的功效。为博得爱妃心欢，唐明皇下旨，令产地每年产季，置驿传送，百里加急快马加鞭，将新鲜荔枝快递到京师进贡朝廷，供杨贵妃享用。至于杨贵妃爱吃的荔枝产于何地，说法不一。不过，根据一些文人诗书和地方志记载，经史学家考究，最为可能而合理的产地应该是盛产优质荔枝的四川泸州、合江一带。

荔枝为无患子科多年生常绿乔木。

荔枝花形态结构

荔枝是雌雄同株、同序异花的树种，雌花和雄花着生在同一花穗上。圆锥花序，花序顶生，多分枝；花小，花梗纤细，长2~4毫米，有时粗而短；花萼碗状，有金黄色短绒毛；无花瓣。雄花有雄蕊6~7枚，有时8枚，花丝长约4毫米，白色，花药淡黄色；雌花，有不育雄蕊6~7枚，子房肥大，密覆小瘤体和硬毛，花柱1枚，柱头两分叉。花序着生雄花较多，雌花比率为13%~15%。

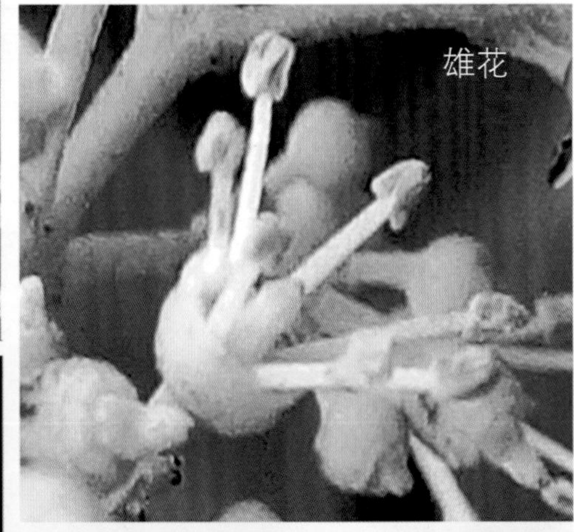

（果品作物——桃金娘科作物）

莲　雾

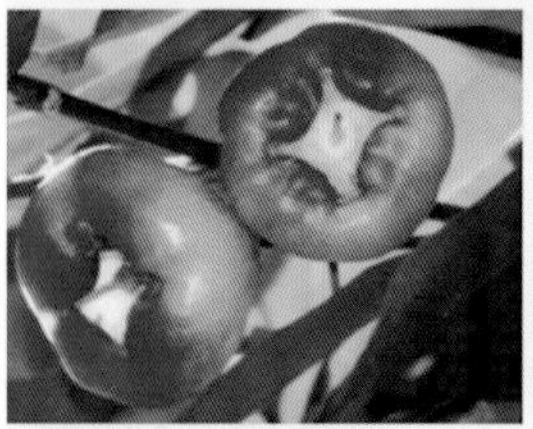

鲜果

莲雾蜜饯

●莲雾又名天桃、水蒲桃或洋蒲桃、水石榴、辇雾等，原产于马来半岛，莲雾是17世纪由荷兰人引进台湾，在台湾普遍栽培，20世纪30年代后海南、广东、广西、福建和云南先后引种栽培，但栽培量仍然较少。近年来，台湾果农在海南、广东、广西等沿海地区建立种植基地，较大面积推广种植。

●果形美，果实呈钟形，果色鲜艳夺目，以鲜果生食为主，果肉海绵质，略有苹果香气，味道清甜爽口。也可盐渍、糖渍、制罐及脱水蜜饯或制成果汁等。

莲雾为桃金娘科多年生常绿小乔木植物。

莲雾花形态结构

莲雾花期长、花浓香、花形美丽。聚伞花序顶生或腋生，长5~6厘米，有花数朵；花梗长约5毫米；萼管倒圆锥形，长7~8毫米，宽6~7毫米。萼齿，半圆形，长4毫米，宽加倍；花冠5瓣，白色；雄蕊极多，花丝细长，超过花瓣1~2倍，散开。雌蕊1枚，花柱粗而长，2.5~3厘米。

（果品作物——仙人掌科作物）

火龙果

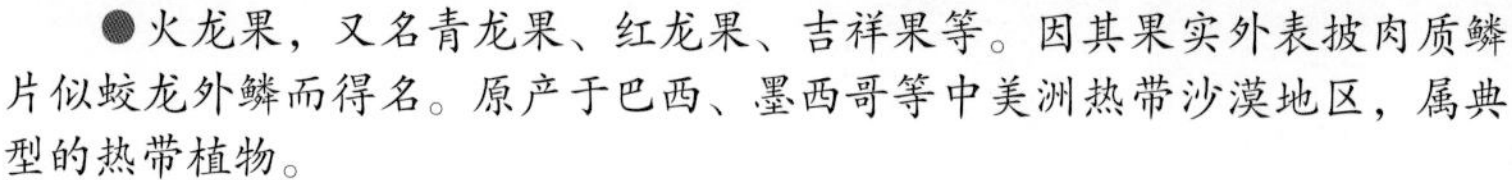

●火龙果，又名青龙果、红龙果、吉祥果等。因其果实外表披肉质鳞片似蛟龙外鳞而得名。原产于巴西、墨西哥等中美洲热带沙漠地区，属典型的热带植物。

●火龙果除生食外，其花和果均可加工成各种营养保健食品，如火龙果汁、酱、脯以及罐装饮料等，风味独特。它的花每朵重 250~500 克，可用来清炒、煲汤或做生菜沙拉。烘干后可长期保存，香脆可口。火龙果花泡水煮沸、加冰糖，冷冻后饮，口感更香更醇，胜过菊花茶。它光洁而巨大的花朵绽放时，飘香四溢有吉祥之感，又可作为庭院、盆栽观赏。

火龙果树为仙人掌科多年生植物。

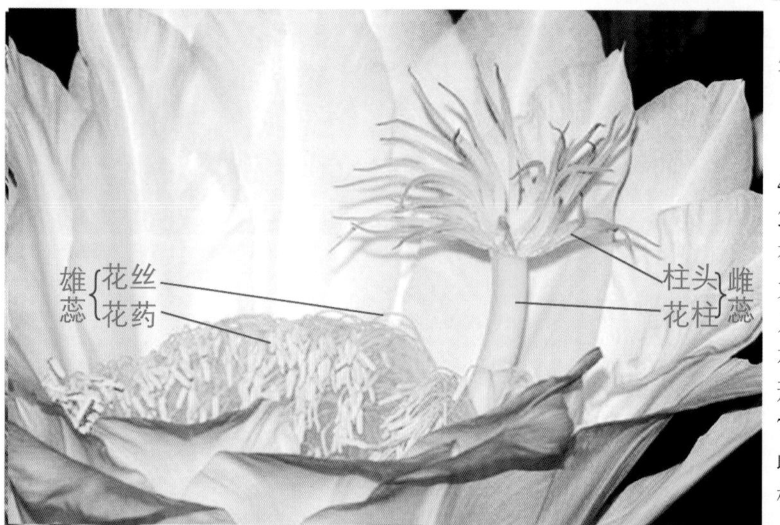

火龙果花形态结构

火龙果花的花形很大，全长约 45 厘米，花冠达 25 厘米，重量在 350~500 克，故又有霸王花之称。在 22 时后全开，第二天清晨 9 时太阳出来后就凋谢。花萼管状，裂片披针形，10~15 裂，淡黄褐色；花瓣宽阔，纯白色，直立，倒披针形，全缘。雄蕊多而细长，多达 700~960 条，花丝白色，花药乳黄色；雌蕊子房下位，花柱粗而长，乳黄色；柱头裂片多达 24 枚。

（果品作物——漆树科作物）

杧 果

杧果为漆树科多年生常绿乔木植物。

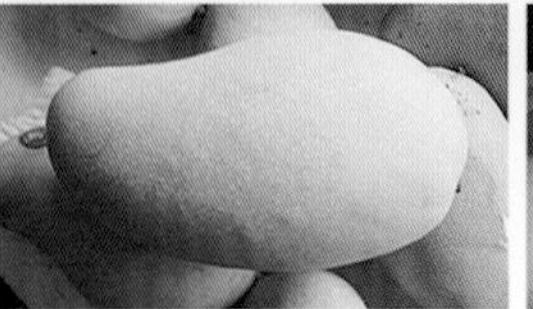

●杧果原产于印度，我国栽培历史悠久，在广东、广西、海南、四川、福建、云南、台湾等省区广为栽培，栽培最多的是海南省。

●杧果的品种很多，现在全世界有1 000多个品种，中国栽培有40余个品种。最大的重达几千克，最小的直径只有两厘米；果形有圆的、椭圆的、心形的、肾形的、细长的等；果皮颜色有青、绿、黄、红等色；果肉有黄、绿、橙等色；味道有酸、甜、淡甜、酸甜等。

●杧果除鲜食外，还可以制作多种加工品，如糖水片、果酱、果汁、蜜饯、脱水杧果片、话杧以及盐渍或酸辣杧果等，叶可作清凉饮料。

杧果花形态结构

杧果花圆锥花序顶生。圆锥花序长20~35厘米，花小，花展7~8毫米，花密集；苞片披针形，被微柔毛；花杂性，有两性花与雄花之分，两性花有雄蕊和雌蕊，可结实；雄花没有雌蕊，开花后不能结实。多数栽培品种两性花占15%以上。花梗较长，具节；萼片卵状披针形，渐尖；花冠5裂，花瓣长圆形或倒三角形，黄色或淡黄色，肉质，具3~5条棕黄色突起的脉纹；有雄蕊5枚，仅1枚发育成熟，花药卵圆形，紫黑色，花丝圆柱状，白色；子房斜卵形，径约1.5毫米，无毛，花柱近顶生，长约2.5毫米。

（果品作物——漆树科作物）

腰 果

●腰果原产于巴西东北部，16世纪引入亚洲和非洲，现已遍及东非和南亚各国。中国腰果主要分布在海南和云南，广西、广东、福建、台湾等地。

●腰果树是一种经济价值极高的果树。其食用有两部分，假果和果仁。有的花托膨大形成的肉质果为假果，有陀螺形、扁菱形和卵圆形，有鲜红色、橙色和黄绿杂色。果肉脆嫩多汁，可食用，味道甜酸适口，是很理想的鲜果。除生食之外，亦可加工成果汁、果冻、果酱、蜜饯，以及用来酿酒等。

在假果或花托顶端着生的青灰色或黄褐色肾形部分，才是真果实，里面包着的种仁，就是我们所吃的"腰果"。营养价值很高，含有丰富的蛋白质、脂肪和碳水化合物，无论是油炸、盐渍、糖饯味道皆香美可口，风味独特。

腰果为漆树科热带和亚热带常绿灌木或乔木。

腰果花形态结构

圆锥花序，多分枝，排成伞房状，多花密集；苞片卵状披针形，背面被锈色微柔毛；花冠5裂，花瓣线状披针形，花黄、白色，有3~4条红紫色条纹，开花时外卷；花杂性，无花梗或具短梗；花萼外面密被锈色微柔毛，裂片卵状披针形，先端急尖。雄蕊7~10枚，通常仅1个发育，在两性花中不育雄蕊较短，花丝基部合生，花药小，卵圆形；子房倒卵圆形，无毛，花柱钻形，较长，柱头头状，红紫色。

（果品作物——芭蕉科作物）

香 蕉

●中国是世界上栽培香蕉的古老国家之一，世界上主栽的香蕉品种大多由中国传去。我国台湾、海南、广东、广西等地区均有大面积栽培。

●香蕉是淀粉质丰富的有益水果，果肉香甜软滑、富含营养，终年可收获供应。是人们喜爱的水果之一。

香蕉为芭蕉科多年生大型草本植物。

两性花

香蕉花形态结构

香蕉花为穗状花序，花序轴由假茎顶端抽出，逐渐伸长、弯垂。花序轴着生苞片，苞片外面暗紫色，每苞片内有花2列，每列着花6~8朵，花乳黄色或浅紫色，在同一个花序轴上，着生雌花、雄花和中性花三种花，花序轴上部为雌花，花冠5瓣，上两瓣联合向上弯曲，小三瓣联合呈勺状，有5枚退化雄蕊，花柱较长，柱头头状。雌花先开放，现代的栽培种，在不授粉的情况下，孤雌生殖，子房膨大形成无籽果实。花序轴中下部着生不育的中性花和雄花。

雄花

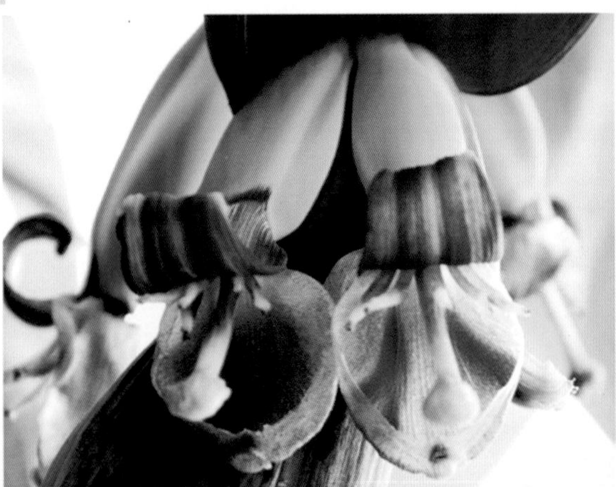

雌花

（果品作物——番木瓜科作物）

番木瓜

●番木瓜原产于墨西哥南部以及邻近的美洲中部地区，在世界热带、亚热带地区均有分布。我国主要分布在广东、海南、广西、云南、福建、台湾等省区。

●番木瓜除鲜食外，还可加工成果汁、果酱、蜜饯、腌渍等甜品；在产地还用嫩青果制作各种菜肴；青果中含果胶可提取制成木瓜果胶代血浆，它的果实全年可采，全年供应。

番木瓜为番木瓜科多年生木本小乔木植物。

番木瓜花形态结构

番木瓜花形态结构

花单性，偶尔有完全花出现，有雄株、雌株及两性株；花可全年开放，花果同树。花果期全年。

雄花排列成圆锥花序，长达1米，下垂；花无梗；萼片基部连合；花冠乳黄色，冠管细管状，花冠裂片5，披针形；雄蕊10枚，着生在花冠内壁，5长5短，短的几无花丝，长的花丝白色，被白色茸毛；子房退化。雌花：单生或由数朵排列成伞房花序，着生叶腋内，花梗短或近无梗，萼片5，长约1厘米，中部以下合生；花冠裂片5，分离，乳黄色或黄白色，长圆形或披针形，长5~6.2厘米，宽1.2~2厘米；子房上位，卵球形，无柄，花柱5，柱头数裂，鹿角状。

雌株

雌雄同株
雄株

（果品作物——棕榈科作物）

椰　子

●椰子为古老的栽培作物，原产地说法不一，大多数认为起源于马来群岛。现广泛分布于热带滨海及内陆地区。我国种植椰子已有2000多年的历史。现主要集中分布于海南各地，此外还有台湾南部、广东雷州半岛，云南西双版纳、河口等地也有少量分布。

●椰子被称为宝树，它一身都有较高的利用价值。作为果品来说，椰子胚乳中的浆液称椰汁。新鲜的椰汁清如水甜如蜜，饮后清凉、甘甜、可口，风味独特，营养价值很高，是解暑的最佳饮品。其胚乳称为椰肉，含大量蛋白质、果糖、葡萄糖、蔗糖、脂肪；椰肉色白如玉，芳香滑脆；椰肉除作为水果食用以外，还可制成椰干、椰奶粉、椰蛋白、椰子汁、椰蓉及无色椰子油等。椰汁、椰肉、是老少皆宜的美味佳果。

椰子树为棕榈科多年生木本乔木。

椰子花形态结构

雌雄同株同序。花期不同，先开雄花，后开雌花，异花授粉。肉穗花序腋生，大型，长可达1.5~2米，多分枝。雄花着生于分枝上部，雌花单生于基部；佛焰苞纺锤形，厚木质，长60~100厘米或更长，老时脱落；雄花较小，萼片3，鳞片状，长3~4毫米；花瓣3片，卵状长圆形，长10毫米左右；雄蕊6枚，长4毫米；雌花较大，基部有小苞片数枚；萼片阔圆形，宽约2.5厘米；花瓣与萼片相似。

（果品作物——棕榈科作物）

槟　榔

●槟榔原产马来西亚，中国主要分布云南、海南及台湾等热带地区广泛栽培。当地一些人将果实作为一种咀嚼嗜好品。

●在海南各地人们有吃槟榔的习俗，槟榔切片蘸以佐料，细嚼慢咽，吃后面红耳赤，两颜红润妩媚，似醒似醉，别有情趣。逢年过节，以及求婚、订婚和办喜事，槟榔更是不可或缺的上佳礼品和招待品。

值得一提的是，槟榔果实和种子含有对人有害的生物碱（槟榔碱）和鞣酸等物质，若吃多了会伤害身体。

槟榔为棕榈科槟榔属常绿乔木。

槟榔花形态结构

雌雄同株同花序枝，花序多分枝，花序轴粗壮压扁，分枝曲折，长 25~30 厘米，基部较粗，着生雌花，单生；稍部纤细，着生 1 列或 2 列雄花；雄花小，无梗，通常单生，很少成对着生，萼片卵形，长不到 1 毫米，花瓣长圆形，长 4~6 毫米，雄蕊 6 枚，花丝短，退化雌蕊 3 枚，线形；雌花较大，萼片卵形，花瓣近圆形，长 1.2~1.5 厘米，有退化雄蕊 6 枚，合生；子房长圆形。

雌花

雄花

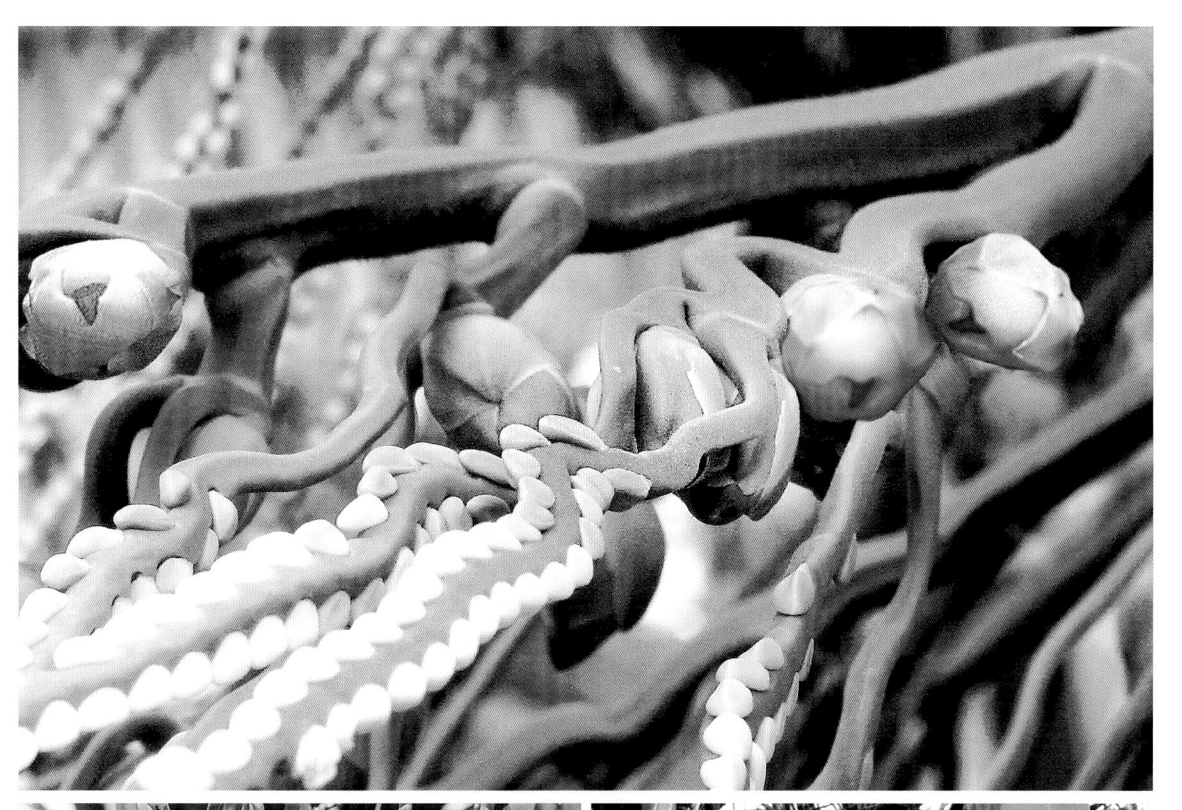

（果品作物——酢浆草科作物）

杨　桃

●杨桃又名“羊桃”“阳桃”“星梨”等。原产东南亚热带、亚热带地区，在我国海南的栽培历史已逾千年，现在南部沿海省份多有种植，以广东、广西、福建等省区最多。

●杨桃又分为酸杨桃和甜杨挑两大类。酸杨桃果实大而酸，较少生吃，多作烹调配料或加工蜜饯。甜杨桃可生食，清甜无渣，口爽神怡，味道可口，另有一番风味。杨桃可食率 92% 以上。

杨桃为酢浆草科常绿小乔木。

杨桃花形态结构

花冠较小，两性，微香。数朵至多朵组成聚伞花序或圆锥花序，自叶腋出或着生于枝干上，每个花序有花十余朵至数十朵，花枝和花蕾深红色；萼片 5，长约 5 毫米，覆瓦状排列，基部合成细杯状，花瓣略向背面弯卷，长 8~10 毫米，宽 3~4 毫米，背面淡紫红色，边缘色较淡，有时为粉红色或白色；有雄蕊 10 枚，其中 5 枚较短的无药；雌蕊花柱 5 枚，子房 5 室，每室有胚珠多枚。

（果品作物——茄科作物）

人参果

●人参果原产于南美洲，当地叫茄瓜、香瓜茄或香艳茄。20世纪80年代引入我国南方各地种植，称谓各异，别名甚多。如香艳茄、香瓜茄、香艳杧果、金参果、长寿果、紫香茄、甜茄、香瓜梨、香艳梨等。因其所含的蛋白质、多种维生素和人体必需的微量元素等营养成分较高，也较为全面。食之能补充人体之需要，具有较高的营养保健价值。故又称其为人参果。

●人参果为水果、蔬菜兼观赏型的作物，成熟后金黄色并有紫色花纹，果肉味道独特、不酸不涩，做果鲜食多汁脆爽，香甜可口；做菜香脆味美。亦可加工成果汁、饮料、口服液、罐头等产品，是一种受欢迎的水果。有趣的是，产区农户常用一些造型的模具，把初生幼果套于其中，待果实逐渐长大，挤满造型模具，形成形似雕刻的各种人物和动物果实，煞是好看，既可观赏又可食用，深受人们的青睐，具有很大的开发价值。

人参果为茄科一年或多年生草本植物。

人参果花的形态结构

人参果花序为聚伞花序，总花梗较短，密生多花，着生在细长的花柄上。花冠合瓣，顶部5裂呈五角形，花冠有白、黄绿 白边紫心等颜色，因品种不同各异。有雄蕊5枚，雄蕊的花丝较粗短，着生于花冠基部，花药聚生，呈黄绿、灰绿、灰黄、橙黄等色。花药成熟后，顶端开裂成枯焦小孔，从中散出花粉。有雌蕊一枚被雄蕊包围花柱较长，直立，伸出聚生花药之外。柱头头状，二裂或多裂，成熟时有油状分泌物，子房圆形或椭圆形。

(果品作物——凤梨科作物)

菠　萝

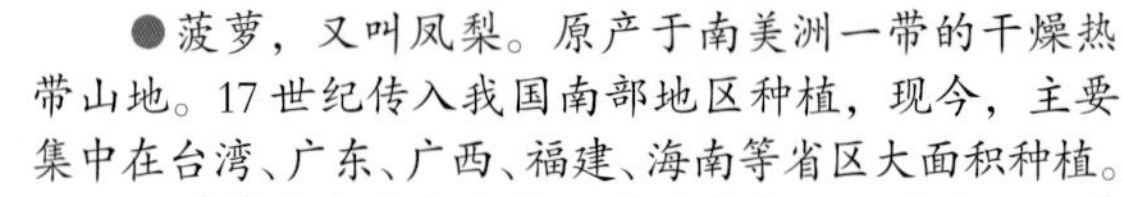

●菠萝，又叫凤梨。原产于南美洲一带的干燥热带山地。17世纪传入我国南部地区种植，现今，主要集中在台湾、广东、广西、福建、海南等省区大面积种植。

●菠萝果实肉色金黄，香味浓郁，甜酸适口。清脆多汁，口感较佳，适宜鲜食。除鲜食外，还可加工成罐头、果汁、酒精、味精、柠檬酸等许多产品。菠萝罐头因其能保持原来风味而受到广泛喜爱，被誉为“国际性果品罐头”。

菠萝为凤梨科多年生热带草本植物。

菠萝花的形态结构

花序为复合肉穗状，于叶丛中心抽出，状如松球，结果时增大；具艳色苞片，苞片基部绿色，上半部红色或乳黄色，三角状卵形；花两性，花萼与花瓣各3片，萼片宽卵形，肉质，顶端红色或淡棕色，长约1厘米；花瓣长椭圆形，基部卷合，顶部略张，长约2厘米，下部白色，上部淡紫红色；有雄蕊6枚，分2轮排列；雌蕊1枚，子房3心室，子房下位。花期夏季至冬季。

果实为肉质聚花果。

（果品作物——豆科作物）

酸角（酸豆）

●酸角，别名甜酸角、酸果、酸豆、酸梅角、亚森果等；原产于东部非洲。酸豆树在我国云南、四川西昌、广西、海南等亚热带和热带地区都有种植。

●酸角的果肉除直接生食外，还可加工生产营养丰富、风味特殊、酸甜可口的高级饮料和食品，如果汁、果冻、果糖、果酱和浓缩汁、果粉。浓缩汁用于配制生产果汁等，果粉供生产多糖食品，而且是用种子胚乳加工制成的多糖产品。

酸角为豆科常绿高大乔木植物。

酸角花形态结构

花为腋生的总状花序或顶生的圆锥花序；萼筒陀螺形，裂片3~4，披针形；花冠黄或白色有紫或红色条纹，花瓣3枚发达，有2枚退化成鳞片状；雄蕊3枚，花丝黄绿色，粗壮，上部向内弯曲，中部以下合生，另有3~5刺毛状退化雄蕊；雌蕊子房长梭形。外披茸毛。下有柄，花柱不明显，胚珠多数。

果实为荚果，粗壮，黄褐色。

果品作物叶、花、果示意图——

桃
樱桃
杏
梅子
李
柿子
枣子
百香果
猕猴桃
石榴
葡萄
蓝莓
桑葚
白果
板栗
柚子
芸香果
佛手
柠檬
橘子
脐橙
金橘
人参果
槟榔
火龙果

梨
苹果
花红
海棠
椰子
山楂
草莓
枇杷
香蕉
核桃
榛子
刺梨
酸果
杨梅
腰果
杧果
荔枝
菠萝
荸荠
西瓜
莲雾
番木瓜
杨桃
哈密瓜

第四篇 粮油及其他经济作物篇

粮食作物

“民以食为天”“食以粮为源”“有粮则安，无粮则乱”。粮食是人类赖以生存的物质基础，是人体获取营养、热能的主要来源。吃饭，一日三餐，是人类社会永恒的主题，是世界各国国计民生的头等大事，粮食生产，乃天下之大业。

粮食作物是农作物中的主导作物。世界粮食作物种植面积约占农作物总播种面积的 85%，中国是世界上最大的产粮国，粮食作物占农作物总播种面积的 80% 左右。

“粮食作物”指的是人类在日常膳食生活中作为主食食用的作物总称，它包括以籽实为收获物的谷类作物，主要有水稻、小麦、大麦、玉米、高粱、燕麦、小米、荞麦等；以种子为收获物的豆类作物，如蚕豆、豌豆、大豆、小红豆、绿豆等；以地下块茎或块根为收获物的薯类作物，如马铃薯、红薯、木薯等。

（粮食作物——禾本科作物）

水 稻

●水稻原产于中国，是世界上水稻栽培的起源国，据考古证实，我国在6 500年前已经大面积种植。现在从黑龙江地区到海南岛均有种植，栽种面积占全国粮食作物的1/4，而产量则占一半以上。水稻从中国逐渐传播到世界各地，成为世界主要粮食作物之一。当今世界上近一半人口，都以大米为食。

●水稻在我国长期的栽培过程中，培育出了很多优良品种，满足了各种人群的口感之需。20世纪70年代，我国成功地培育出了具有生长旺盛、抗逆性强、产量高、品质优良的杂交水稻组合，开创了大面积种植杂交水稻的先河。此后，杂交水稻在全国各地迅速推广。许多国家亦引进该技术，广为种植。为世界粮食增产，做出了重要贡献。

水稻为禾本科一年生草本植物。

水稻花形态结构

水稻花为疏松型圆锥花序。由花穗轴、第一枝梗、第二枝梗、小穗梗和小穗组成。小穗含3朵小花，但通常只有一朵小花，另两朵退化。在一般情况下一株稻穗开200~300朵稻花，一朵稻花会形成一粒稻谷。

水稻的花为两性花，其形态结构为颖花，没有花瓣，分别由两只较小的副护颖和护颖、一个外颖、一个内颖、两个鳞片和六枚雄蕊、一枚雌蕊等部分组成。内外颖革质，舟形，颖壳外有毛芒，顶端有芒。雄蕊花药乳黄色；雌蕊子房柱头两分叉，羽毛状，黑色或乳白色。

有的水稻品种对光照和温度比较敏感，在长日照和高温状况下产生雄性不育现象。

我国创建了世界大面积种植杂交水稻的先河

我国水稻育种工作者在海南一个小溪边，发现生长着几株野生水稻。经细致观察、测试，发现这种野生水稻的稻花其雄性器官发育不正常，雄蕊瘦小，花药干瘪，花粉退化或败育，没有生命力。然而它的雌性器官雌蕊却发育正常，有繁殖力。它虽不能自交结实，但与其他水稻品种的花粉杂交，则可结实。这一发现，在科技工作者眼里，真是价值千金万金。它为大面积利用杂种优势种植杂交水稻提供了宝贵的雄性不育系材料。此后，在中国农业科学院的规划和组织下，组织全国各地育种专家和农技人员，合力攻坚，利用数百个水稻品种作为父本，以这些雄性不育稻花作为母本（称作不育系），反复进行杂交、选育。经过几年努力，成功地选育出了可以使‘不育系’继续保持雄性不育,并能繁殖下去的水稻品种（称作保持系）。同时也选育出了可使不育系恢复雄性可育，能自交结实，并具有较强杂交优势的水稻品种（称作恢复系），用来生产杂交一代种，供大面积种植。

（粮食作物——禾本科作物）

小 麦

●小麦原产地在西亚，中国在3 000多年前的商朝时期已有种植，汉代以后已大面积普及。现全国南北各地均有种植，以北方为主产区。种植面积达3.6亿亩（15亩=1公顷。下同），占世界种植总面积的1/3。全世界小麦产量和种植面积，居于栽培谷物的首位。

●小麦的品种很多，有普通、硬质小麦；春、冬小麦；高筋、低筋小麦等；满足不同地区生态气候条件下栽培和人们饮食习惯以及食品加工等方面的要求。

小麦面粉

小麦为禾本科一年或越年生草本植物。

小麦花形态结构

小麦的花属颖花，没有花瓣。由内颖、外颖、鳞片和雌雄花蕊组成。其内外颖形似瓢状，外颖顶端有芒或无芒，因品种不同而异；内外颖之间有雄蕊3枚和1枚雌蕊。雌蕊柱头分叉呈羽毛状，子房呈倒卵形；雄蕊花丝较短，花药二裂，内藏花粉。外颖内侧有两个鳞片，开花时吸水膨胀使内外颖张开。一般是麦穗中部的小花先开，然后向上向下开放；小花开花时，内外颖张开，雄蕊伸出，花药破裂，散出花粉落在雌蕊柱头上进行授粉，在一般情况下雌蕊柱头不会外露，为自花授粉。

（粮食作物——禾本科作物）

燕　麦

●燕麦，又叫莜麦、油麦、玉麦、雀麦、野麦子等，燕麦分为皮燕麦和裸燕麦两大类；原产于我国的为裸燕麦，种植历史悠久，遍及各山区、高原和北部高寒冷凉地带主要种植在内蒙古、河北、山西、甘肃、陕西、云南、四川、宁夏、贵州、青海等省、自治区。

莜麦喜寒凉，耐干旱，抗盐碱，生长期短，常有野生于山坡路旁、高山草甸及潮湿的地方。

●燕麦的营养价值很高，在谷类作物中，蛋白质含量最高，且含有人体必需的8种氨基酸，且组成也较平衡；赖氨酸、脂肪含量和热能，都远远高于大米和小麦面粉，而含糖量却较低；是一种低糖、高营养、高能粮食食品。

燕麦的食用方法很多，可制作花样繁多的各式面点，亦可制成麦化罐头、饼干、燕麦片、糕点等即食食品，食路很广。

燕麦为禾本科一年或越年生草本植物。

燕麦花的形态结构

圆锥花序疏松开展，分枝纤细，具棱角。小穗含1~3小花，小穗轴细而坚韧，无毛，常弯曲；颖草质，边缘透明膜质，两颖近相等，具7~11脉。芒出自于外颖背上，是燕麦的最大特点；外稃无毛，草质而较柔软，边缘透明膜质；第一外稃基盘无毛，背部无芒或上部1/4以上伸出1芒，其芒长1~2厘米，细弱，直立或反曲；内稃甚短于外稃，具2脊，顶端延伸呈芒尖，脊上具密纤毛；有雄蕊3枚，花丝细长，花药淡黄色；雌蕊1枚，柱头茸毛状。自花传粉，异交率低。

（粮食作物——禾本科作物）

玉　米

●玉米，又称玉蜀黍、苞谷、棒子等；原产于中美洲。16世纪明朝时传入中国，现在我国各地广为种植，面积较大。玉米的用途很广，它不仅是人们的主要食粮和动物的饲料，也是生产工业酒精、酿酒、制糖、制作淀粉、提炼食用油的重要工业原料。

●玉米的品种类型较多，有供食粮用的优质蛋白玉米；有供制作淀粉和酿酒用的高淀粉玉米；有做果用的水果玉米和糯玉米；有做爆米花的爆裂玉米；还有提炼油脂的高油玉米等特用型玉米。

玉米为禾本科一年生草本植物。

玉米雌雄花形态结构

玉米雌雄花同株

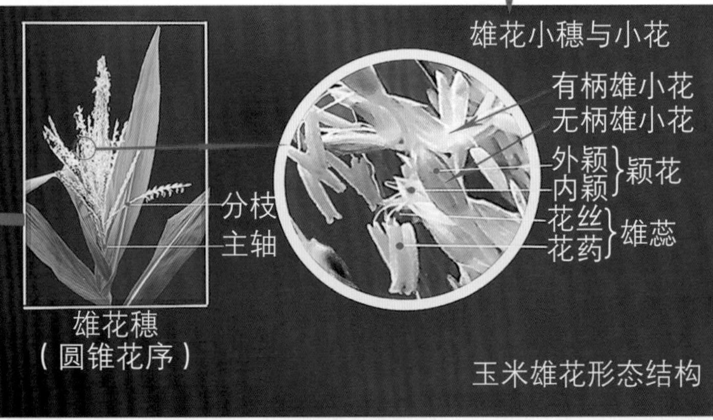

玉米雄花形态结构

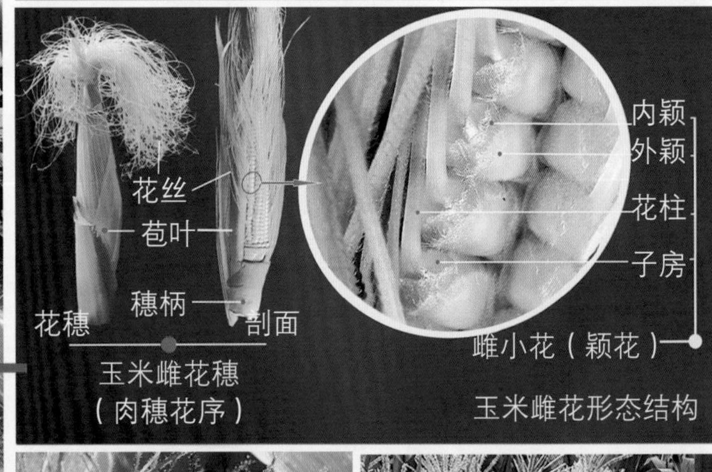

玉米雌花形态结构

雌花花柱与柱头

雄花穗

（粮食作物——禾本科作物）

高　梁

●高粱起源于非洲，是古老的谷类作物之一。公元前2000年已传到埃及、印度，后传入中国栽培。现今全国各地均有栽培，主要产区集中在东北地区。历史上高粱米曾是东北城乡人民的主要食粮之一。

●高粱的品种很多，足有上千种之多。按其性状及用途可分为食用、酿酒、糖用、饲用、帚用高粱等。按籽粒颜色来分，一般白粒高粱供食用、红粒高粱用于酿酒，中国的名酒如茅台、五粮液、泸州老窖、汾酒等都以红高粱为主要原料酿制而成。糖用高粱的秆可制糖浆或生食。近些年来，由中国农业科学院选育的"甜高粱"，其植株生长茂密高大，茎秆的糖度可与甘蔗相当，蛋白质和矿物质等营养物含量较高，且茎叶生物产量很高，一般亩产量可达6~12吨，是一种极其优良的动物饲料作物。帚用高粱的穗可制笤帚或炊帚。

高粱为禾本科一年生草本植物。

高粱花形态结构

高粱的花属颖花，没有花瓣，可以视为一枝无柄小穗，就是一朵花。颖花由两片护颖、内颖、外颖、两只鳞片和一个雌蕊、三个雄蕊组成。护颖（即高粱壳）较大，革质，瓢状，外披芒毛，内有两朵小花，一般下位花为退化花，不能结实；上位花为完全花，又叫结实花，有雌蕊一枚，其花柱两分叉，柱头羽毛状，较长，淡黄或白色；有雌蕊3枚，花药淡黄色。开花时内外颖张开，雄蕊或柱头同时伸出颖壳，雄蕊伸出后骤然伸长下垂，花药开裂散出花粉。柱头授粉后，内、外颖闭合，雄蕊及柱头萎焉残留于颖外。一朵花从内外颖张开到闭合，只有一小时左右（60~70分钟）。由于雌蕊柱头外露，因此天然杂交率较高（一般在4%~20%），为常异交作物。

高粱颖花形态结构

（粮食作物——禾本科作物）

苡 仁

●苡仁又叫薏苡仁、苡米、薏仁，薏米、起实、薏珠子、米仁、六谷子等。自古以来在我国各地均有种植，长江以南各地多在田边地头、屋前屋后、坡地、沟边、河边种植。有的地方为野生。是普遍、常吃的一种谷类粮食，又是常用的中药。

●苡仁的营养价值很高，被誉为“禾本科作物之王”。味道与大米相似，且易消化吸收，煮粥、做汤均可。

苡仁为禾本科一年生或多年生草本植物。

苡仁雌雄花形态结构

薏仁的花序轴腋生成束，总状花序，直立或下垂，具总柄；雌小穗位于花序的下部，外包以念珠状总苞，小穗和总苞等长，为能育小穗。雌蕊具长花柱，柱头分离，伸出总苞；退化雌小穗2个，圆柱状，并列于能育小穗的一侧，顶部突出于总苞；雄小穗常3个着生于一节，颖革质，第一颖扁平，两侧内折成脊，前端钝，具多条脉；第二颖船形，具多数脉；内含2小花，外稃和内稃都是薄膜质；每小花含雄蕊3个。

（粮食作物——豆科作物）

蚕 豆

蚕豆休闲小食品与菜肴

●蚕豆，又称胡豆、佛豆、川豆、倭豆、罗汉豆。起源于西南亚和北非。相传西汉张骞自西域引入中国。现在我国长江以南及西南地区广为种植，以四川、云南、江苏、湖北等地为多。

●蚕豆为粮食、蔬菜和饲料、绿肥兼用作物。蚕豆含8种必需氨基酸。碳水化合物含量47%~60%。营养价值丰富，嫩豆可作蔬菜食用。老熟种子可制豆瓣酱、粉丝、粉皮，制作休闲干果小食品和酿制酱油。还可做优良饲料、茎叶做绿肥。

蚕豆为豆科一年生草本植物。

蚕豆花形态结构

总状花序，腋生，每花序有2~6朵花，第一至二朵花一般能结荚其后的花结荚率低。蝶形花冠，旗瓣紫白色或纯白色，翼瓣白色，中下部有较大的黑斑。雄蕊10枚，二体；雌蕊1枚。

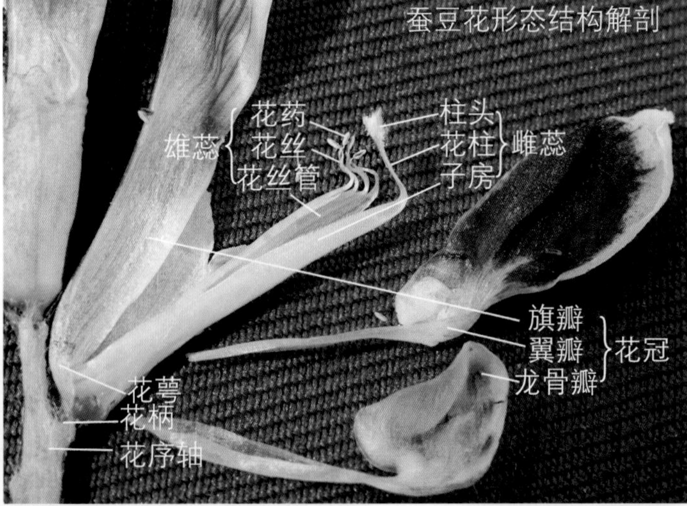

（粮食作物——豆科作物）

绿　豆

●绿豆原产地在印度、缅甸地区。传入中国已有两千余年的栽培史。在我国南北方均有种植。

●绿豆既可作粮食，也可作蔬菜食用。

绿豆汤是家庭常备夏季清暑饮料，清暑开胃，老少皆宜。传统绿豆制品有绿豆面、绿豆沙、绿豆糕、绿豆饼、绿豆粉皮、粉条、绿豆芽、绿豆酒等。

绿豆为豆科一年生直立草本植物。

绿豆花形态结构

绿豆花，为总状花序，腋生，有花 4 至数朵，最多可达 25 朵；蝶形花冠，总花梗长 2.5~9.5 厘米；花梗长 2~3 毫米；小苞片线状披针形或长圆形，有线条，近宿存；萼管无毛，裂片狭三角形，具缘毛，先端 2 裂；旗瓣近方形，长 1.2 厘米，宽 1.6 厘米，外面黄绿色，里面有时粉红，顶端微凹，内弯，无毛；翼瓣卵形，黄色；龙骨瓣镰刀状，绿色而染粉红，右侧有显著的囊。

(粮食作物——豆科作物)

红小豆

各种红小豆食品

●红小豆又名赤豆、赤小豆、红豆、红赤豆、小豆。红小豆属豆科，菜豆属，我国是红小豆的原产地。种植已有2 000多年的历史。在全国各地普遍栽培。

●红小豆富含淀粉，因此又被人们称为“饭豆”。宜与谷类食品混合成豆饭或豆粥食用，一般做成豆沙或作糕点原料。红小豆经济价值居五谷杂粮之首，故有“金豆”之美称。

红小豆为豆科一年生草本直立丛生、半蔓生型及蔓生缠绕型植物。

小红豆花形态结构

花梗自叶腋生出，梗的先端，着生数花，总状花序腋生；小苞2枚，披针状线形，长约5毫米，具毛；花萼短钟状；花萼5裂；花冠蝶形，黄色。旗瓣肾形，顶面中央微凹，具短爪，基部心形，翼瓣斜卵形，基部具渐狭的爪，龙骨瓣上部卷曲；雄蕊10，二体。花药小；子房上位，密被短硬毛，花柱线形。为自花授粉。花期5—8月。

（粮食作物——豆科作物）

豌　豆

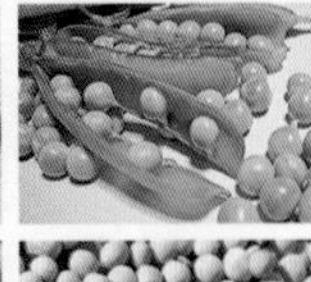

豌豆食品

●豌豆原产于中亚地区，汉代传入我国，已有2 000多年的种植史，在我国南北方地区均有种植。

●豌豆既是粮食作物又是蔬菜作物，其老熟的种子可直接做粮食食用，也可加工成淀粉制作粉条、凉粉、芡粉和制作豌豆泥、豆沙等食品，还可通过炒、炸等加工成干果类小食品；其植株嫩茎、叶、尖和嫩种子以及软荚型豌豆的嫩荚（如荷兰豆、脆豆等）又是人们喜爱的菜蔬。

豌豆种植地

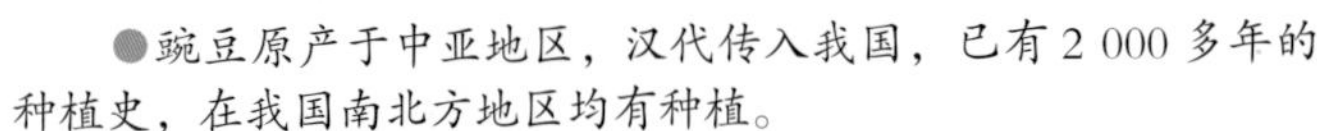

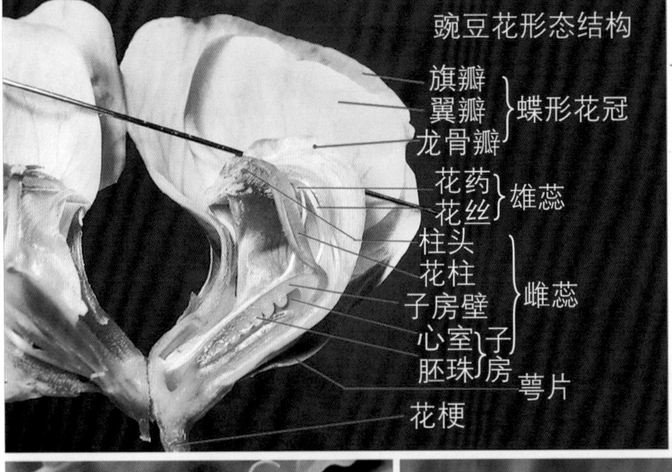

豌豆为豆科一年生草本植物。

豌豆花形态结构

豌豆花为总状花序，花梗着生于叶腋间，每枝花梗着生1~3朵花。

花冠蝶形，花冠的颜色有白色、紫红色、粉红色、淡绿色，通常，两翼瓣颜色较深，因品种不同各异。

花蕊：有雄蕊10枚，其中9枚花丝联合，呈管状，其管顶端花丝分离，另一个分离独自生长，是典型的二体雄蕊；有雌蕊1枚，被花丝管包围，花柱伸出管外，弯曲，柱头长梭形，上生密集茸毛。因花蕊被龙骨瓣包裹紧密，一般都为自花授粉。

（粮食作物——旋花科作物）

红 薯

●红薯，又叫红苕、甘薯、蕃薯、地瓜等，各地称谓各异。红薯原产于南美洲，明代万历21年，由一福建华侨引入我国种植，清代乾隆年间在全国推广，现在各地广为种植。

●红薯是我国主要粮食作物之一。

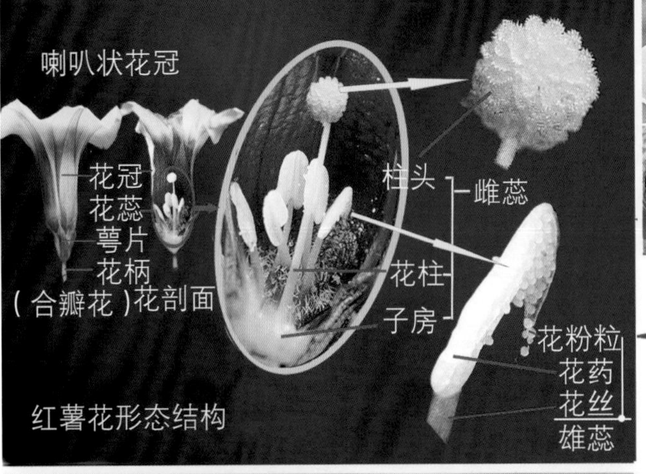

红薯花形态结构

红薯为旋花科一年生藤蔓植物。

红薯花的形态结构

花单生或3~7朵簇生成聚伞花序，腋生或着生于顶端。花冠由5片花瓣联合成合瓣，呈漏斗状，形似牵牛花，花冠一般为淡红色，边缘紫红色。有的花冠呈紫色或白色，因品种不同各异。两性花，有雌蕊一枚，花柱细长，柱头球形，白色，有圆片状网络突起，具黏性物；有雄蕊8枚，着生于花冠底部，花丝短于花柱，花药白色，成熟后药隔两侧的囊壁破裂，散出花粉粒。

冠生雄蕊
（雄蕊着生于花冠基部）

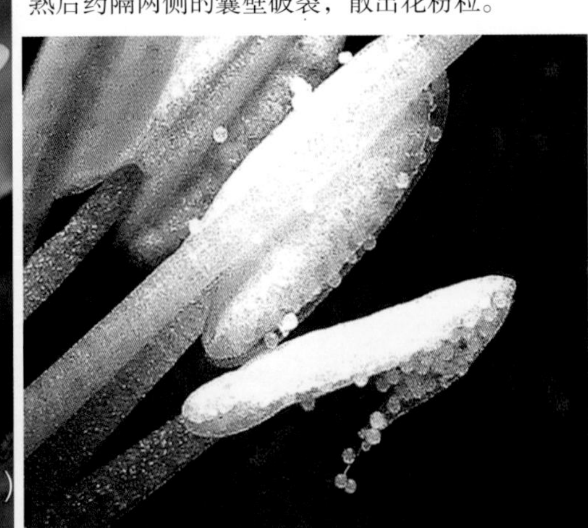

（粮食作物——茄科作物）

马铃薯

●马铃薯，又称土豆、洋芋、山药蛋等，各地称谓各异。马铃薯原产于南美洲秘鲁、智利，17世纪引入我国，已有三百多年的种植史。

●马铃薯对生态环境的适应性较强，在世界各国广为种植。目前全世界有几千个品种，有含淀粉比例较高，适合作为主食的，也有适合作为蔬菜食用的。

●马铃薯以其地下块茎为食，是世界各国的主要粮食和蔬菜兼用作物之一。作为粮食作物，随着加工技术不断提高和创新，已经能够生产出营养成分和口感均优于大米、小麦面粉的产品，可做人们一日三餐不可或缺的米饭、馒头、面包、面条等主食。未来，马铃薯具有广阔的开发价值。

马铃薯花结构

马铃薯为茄科一年生草本植物。

马铃薯花的形态结构

马铃薯的花序为聚伞花序，着生在细长的花柄上。花冠合瓣，顶部5裂呈五角形，花冠有白、兰、紫、红等颜色，因品种不同各异。花的中央有5个雄蕊和一个雌蕊。雄蕊的花丝较粗短，花药聚生，呈黄绿、灰绿、灰黄、橙黄等色。花药成熟后，顶端开裂成枯焦小孔，从中散出花粉。雌蕊着生在雄蕊之中，花柱较长，直立或弯曲，伸出聚生花药之外。柱头头状或棒状，二裂或多裂，成熟时有油状分泌物。

聚伞花序

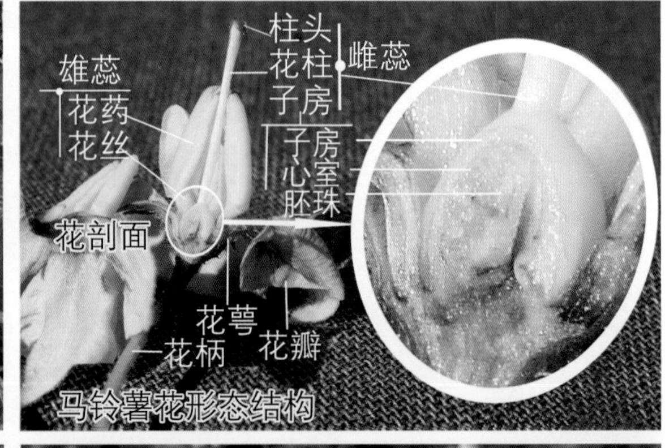

马铃薯花形态结构

马铃薯待开的花蕾倒挂，细长的花柄，钟状的花萼，半开的花瓣，雌蕊同状柱头伸出，形似马铃，故此，人们把它称作马铃薯（左上图所示）。

（粮食作物——大戟科作物）

木　薯

●木薯，又叫木番薯，树薯。原产南美巴西，现全世界热带地区广泛栽培。在中国栽培已有百余年，福建、台湾、广东、海南、广西、贵州及云南等省区均有栽培。

●木薯品种有苦薯和甜薯之分，其地下块根肉质，富含淀粉。甜薯主要作粮食食用和饲用，木薯亦是重要的工业淀粉原料之一，用以制作酒精、柠檬酸、谷氨酸、赖氨酸、木薯蛋白质、葡萄糖、果糖等，这些产品在食品、饮料、医药、纺织（染布）、造纸等方面均有重要用途。木薯花蜜腺发达，亦是上佳的蜜源作物。

木薯为大戟科多年生灌木植物。

木薯花形态结构

在一般自然条件下花为单性，雌雄花同株同序，腋生或顶生，疏散型圆锥花序。木薯花没有花冠，属只有花萼的单被花。花萼吊钟状，顶端5裂，裂片卵形，浅黄色或带紫红色。雌花着生于花序基部，花萼里有联合的复雌蕊，花柱短而不明显，柱头3裂，子房3室，黄绿色；雄花着生于花序上部，花萼里有雄蕊10枚，离生，花丝基部粗，顶部细，不等长，5长5短。同序的花，雌花先开，雄花后开，相距7~10天。

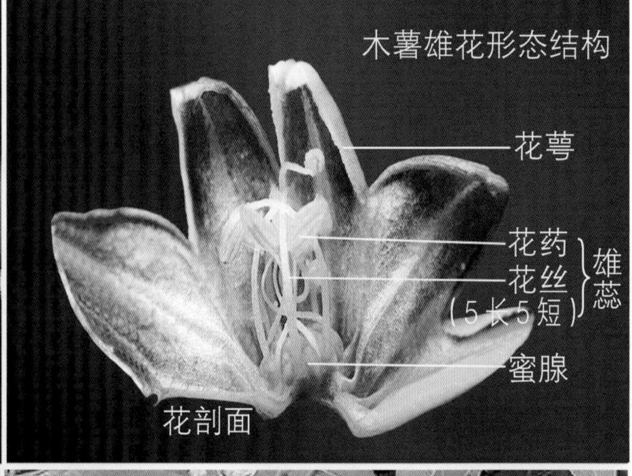

（粮食作物——蓼科作物）

荞　麦

●荞麦原产于我国，在全国各地特别是山区和土地瘠薄地区广为种植。

●荞麦生育期短，抗逆性强，极耐寒瘠，当年可多次播种多次收获。栽培荞麦有4个种，甜荞、苦荞、翅荞和米荞。甜荞和苦荞是两种主要的栽培种。已收集到地方品种3 000余个，其中甜荞、苦荞各占一半。

●荞麦是人们主要粮食品之一，因其含丰富营养和特殊的健康成分颇受推崇，被誉为健康主食品。荞麦还是优质蜜源作物。

荞麦食品

荞麦为蓼科一年生草本植物。

荞麦花形态结构

荞麦花形态结构

花序为有限和无限的混生花序，顶生和腋生。簇状的螺状聚伞花序，呈总状、圆锥状或伞房状，着生于花序轴或分枝的花序轴上。

花多为两性花。单被，其花冠的花瓣常为5枚，基部连合，花冠颜色多为白色，亦有绿色、黄绿色、玫瑰色、红色、紫红色等。雄蕊不外伸或稍外露，常为8枚，分成两轮：外轮5枚，内轮3枚。雌蕊1枚，子房上位，1室，3心皮联合，具3个花柱，柱头头状。

蜜腺发达，常为8个，有的则退化。

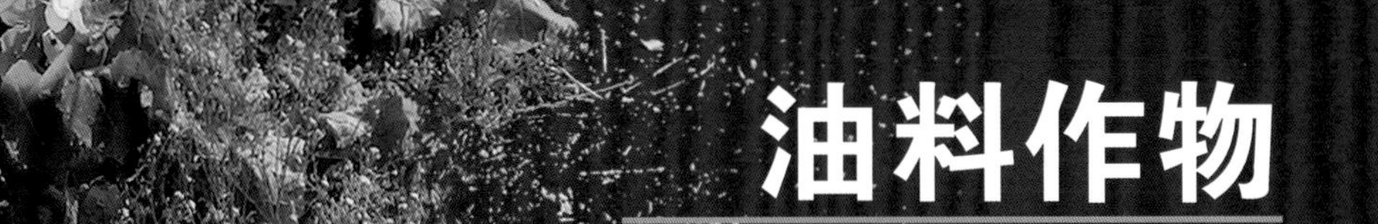

油料作物

油料作物是以榨取油脂为主要用途所栽培的作物。用于提取油脂的作物种类很多，油脂的用途也较为广泛。除供人们的食用油外，亦是医药和皮革、纺织、化妆品、油漆、润滑油等工业的重要原料。

食用油，是人们每日膳食中烹饪食物不可缺少的重要组成部分，也是人体所需的必需脂肪酸、脂溶性维生素的重要来源。当今世界各国种植食用油料作物的比较广泛的主要有大豆、油菜、花生、芝麻、向日葵、油棕、油茶和油橄榄等。

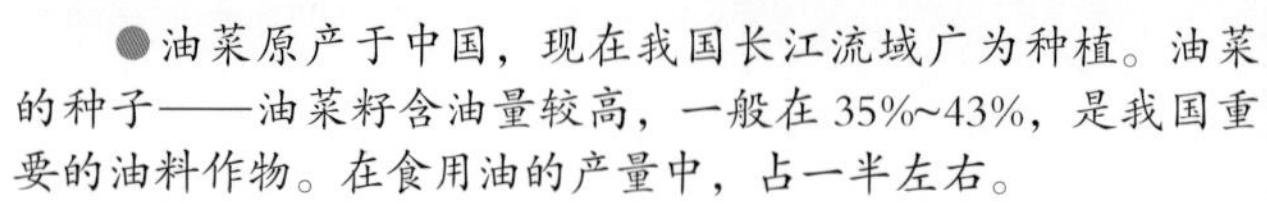

（油料作物——十字花科作物）

油　菜

●油菜原产于中国，现在我国长江流域广为种植。油菜的种子——油菜籽含油量较高，一般在35%~43%，是我国重要的油料作物。在食用油的产量中，占一半左右。

●油菜花为虫媒花，其蜜腺比较发达，是蜜蜂采蜜很好的蜜源植物。

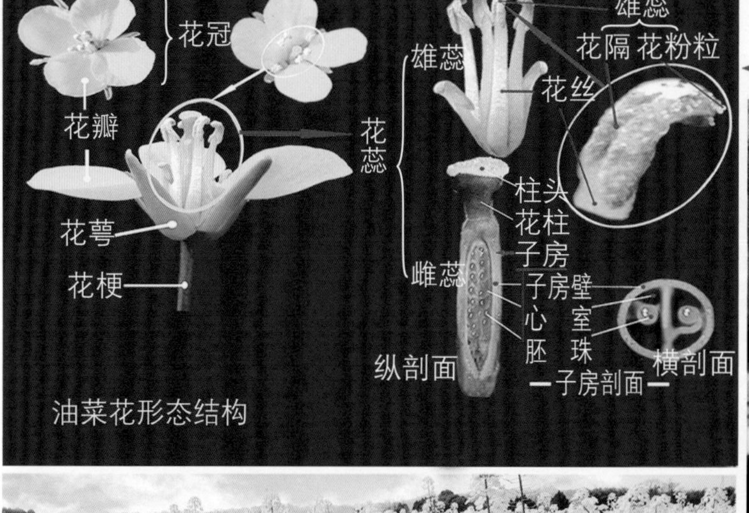

油菜花形态结构

油菜为十字花科越年一年生草本植物。

油菜花形态结构

川西坝子菜花黄

（油料作物——豆科作物）

花　生

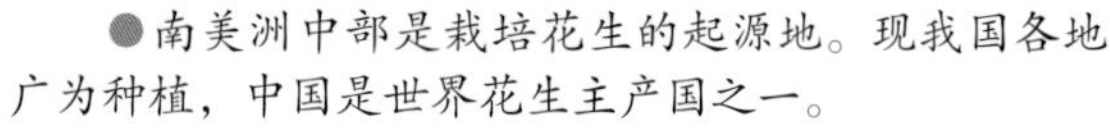

花生食品

●南美洲中部是栽培花生的起源地。现我国各地广为种植，中国是世界花生主产国之一。

●花生仁含油率45%~55%，一般50%左右，是重要的油料作物；花生仁中蛋白质含量高，可消化率92%~95%，易被人体吸收利用，它又是营养丰富的保健食品。

以花生制作的食品种类很多，有花生酱，炒、烤、炸花生米，花生糖果，人造奶油，花生果茶（果奶）饮料，花生奶粉，酸奶酪等多种糕点甜食和多种膨化食品等。

花生为豆科一年生草本植物。

花生花形态结构

花生的花序为总状花序，在花序轴每一节上着生1片苞叶，其叶腋内着生1朵花。花为蝶形花，花的基部最外层为一长桃形外苞叶，其内为一片二叉状内苞叶；花萼下部联合成一个细长的花萼管，上部为5枚萼片，其中4枚联合1枚分离，萼片呈浅绿、深绿或紫绿色，花萼管呈黄绿色，被有茸毛，长度一般2~7厘米；蝶形花冠，橙黄色。雄蕊10枚，其中2枚退化，花丝下部联合呈管状，上部分离，8枚有花药，其中4个长形，4个圆形，相间而生。雌蕊1个，单心皮，子房上位，子房位于花萼管底部，花柱细长，穿过花萼管和雄蕊管，与花药会合。子房1室，内有1至数枚胚珠。子房基部的子房柄，在开花受精后，迅速分裂伸长（即果针），把子房推入土中。子房在土中发育成果实。这就是“落花生”称谓的来由。

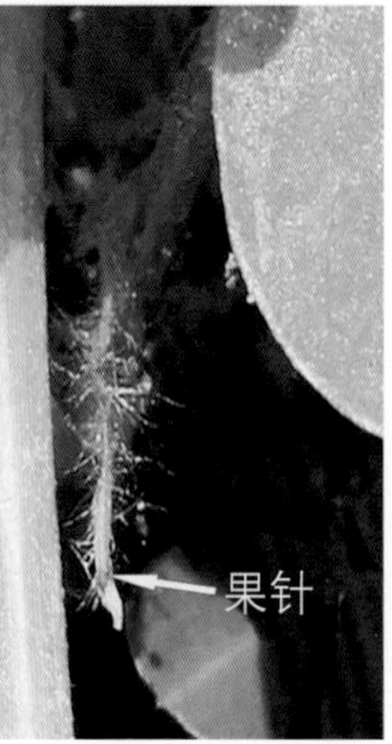

（油料作物——菊科作物）

向日葵

●向日葵又称为朝阳花、向阳花、太阳花、葵花。因在开花初期，其盘状花序朝向太阳转动而得名。原产北美洲，约在明朝时引入中国，现在我国各地均有较大面积种植。种植的品种主要有食用型、油用型和兼用型3类。

●向日葵的蒴果即葵花籽经济价值较高，可榨取低胆固醇的高级食用葵花油。还可制作受人喜爱的休闲食品“葵瓜子”和“葵花仁”，也可作为糖果糕点添加果仁的辅料。

向日葵为菊科一年生草本植物。

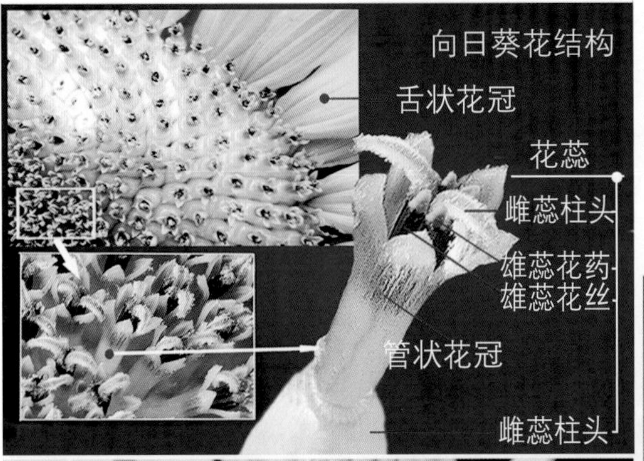

向日葵花形态结构

向日葵为头状花序，生长在茎的顶端，由膨大的花托和变态叶形成的苞片构成一个花盘，直径10~30厘米，称为总苞。总苞片多层，叶质，覆瓦状排列，被长硬毛。总苞上着生两种花，其边缘着生的是黄色舌状花，花中性，不结实；中部着生的许许多多淡黄或棕色的小花为管状花，花两性，有雄蕊4~5枚，着生花冠管上，花丝花药合生成筒状；雌蕊花柱两裂，子房下位，合生心皮2室，具1直立胚珠。果实由子房发育而成，为矩卵形瘦果，果皮木质化，灰色或黑色，称葵花籽，常被人们误认为种子。

有人讲故事说，在那春夏之际，阳光明媚，有数以万计年轻的葵花士兵，接受太阳元帅的检阅。太阳元帅从东向西行走，葵花士兵的头紧跟着元帅整齐划一地转动，行着瞩目礼，场景煞是壮观。虽然这是一个有趣的故事，可是我们种植的向日葵，的确在初花时的花盘总是朝向太阳，随着太阳射来的方向转。那么，为何向日葵喜欢随着太阳转动呢？原来，经过许多科学家们的研究探索发现，在正处于发育成长阶段的向日葵，其顶端花盘下的嫩茎中，含有一种可以刺激细胞生长的激素，叫作“生长素”。这种生长素对光照比较敏感，具有“厌光”的特性。也就是说，在光照强的一侧，它受到抑制，数量和浓度变低。由此，刺激植株生长组织的生长变慢。反之，没有太阳照的一侧，光照比较弱，它的数量和浓度就相应较高，刺激生长组织的生长相应较快。如此一快一慢的不平衡生长状况，就形成了旋光性的弯曲。这就是向日葵向阳的机理。

（油料作物——胡麻科作物）

芝　麻

●芝麻原产中国云贵高原。在史前遗址中，发现有古芝麻的种子，证实了中国是芝麻的故乡。

●芝麻种子含油量高达61%。是我国四大食用油料作物的佼佼者。芝麻花中有蜜腺，它与油菜、荞麦并称为中国三大蜜源作物，品质以芝麻蜜为上乘。芝麻产品具较高的应用价值。中国自古就有许多用芝麻和芝麻油制作的名特食品和美味佳肴，一直著称于世。

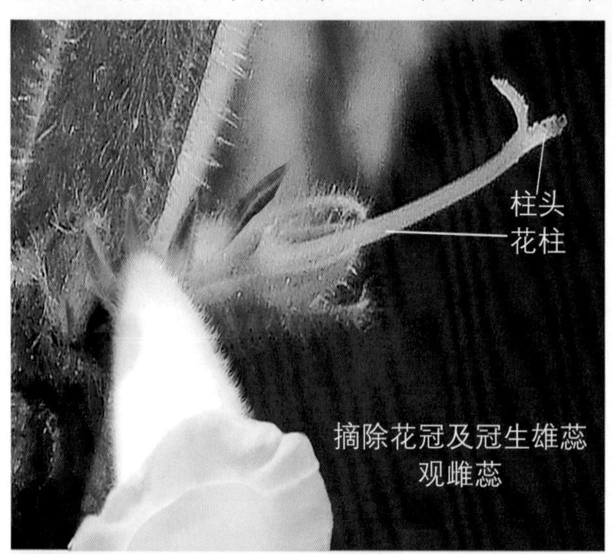

摘除花冠及冠生雄蕊观雌蕊

芝麻为胡麻科一年生直立草本植物。

芝麻花形态结构

总状花序，花单生或2~3朵对生于节间两叶腋内，开花顺序由下而上，节节升高。花萼裂片披针形，被柔毛；唇形花冠，前缘唇形，白色而常有紫红色或黄色的彩晕。蜜腺较为发达。有雄蕊4枚，冠生；雌蕊1枚，花柱较长，柱头分叉，子房上位，4室，有的品种可至8室，被柔毛。

中国民俗文化有着丰厚的底蕴，常把一些自然现象和喜爱之物赋以充满想象的寓意。"芝麻开花节节高"就是按芝麻开花自下而上、节节升高的现象，编撰的歇后语。比喻人间事物蒸蒸日上、天天向上、越来越好、好上加好、官职步步高升之意，以表达对美好生活的向往。

芝麻开花节节高

（油料作物——山茶科作物）

油　茶

●油茶树其种子可榨油(茶油)供食用,故名。原产于中国,在我国栽培利用已有2 000多年的历史，现在世界上把油茶作为食用油料树种栽培的也只有中国。它生长在中国亚热带地区的高山及丘陵地带，主要集中在浙江、江西、湖南、云南、广西等省区。湖南省有“油茶之乡”之称，是中国种植最多的省份。

●茶籽油色清味香，营养丰富，易于人体吸收，消化，具有一定的保健功能。其油质稳定，具有耐储存和耐高温的良好性能。是中国特有的一种纯天然、优质的高级食用油。

油茶为山茶科多年生常绿灌木或小乔木。

油茶花形态结构

花腋生或顶生，花瓣白色，5~7片，倒卵形，先端凹入或2裂，近于离生，外侧和背面有丝毛；雄蕊多数，花丝着生于花冠基部，花药黄色；子房卵形，有黄长毛，3~5室，花柱长约1厘米，无毛，先端不同程度3裂，伸出雄蕊外。

油茶果实为蒴果，球形或卵圆形，直径2~4厘米，3室或1室，每室有种子1粒或2粒。

（油料作物——木犀科作物）

油橄榄

●油橄榄是世界著名的木本油料兼果用树种。原产于西亚中东地区，后经希腊扩展到地中海沿岸地区及周边国家，其栽培已有 4 000 多年的历史。目前主产国为希腊、西班牙、意大利和法国等。20 世纪 80 年代引入我国，现在甘肃陇南地区、四川西昌、攀枝花安宁河流域以及云南等地，大面积种植，已逐步形成一个较大的产业。在我国适宜种植油橄榄的地域还有很多，具有广阔的开发前景。

●橄榄油中含有比任何植物油都要高的不饱和脂肪酸、丰富的维生素 A、维生素 D、维生素 E、维生素 F、维生素 K 和胡萝卜素等脂溶性维生素及抗氧化物等多种成分，并且不含胆固醇，因而人体消化吸收率极高。橄榄油对人们健康有益，可谓油中之佳品。

●橄榄枝有代表和平的寓意。在圣经故事中，曾用它作为大地复苏、和睦相处的标志，后来人们把它当作和平的象征。

油橄榄花形态结构

油橄榄为木犀科多年生常绿乔木植物。

油橄榄花结构

油橄榄为圆锥花序，生于腋间，每序着生花 5~30 朵。花细小，芳香。有完全花及雌蕊退化两种，花冠 4 瓣，盛开时呈白色，花展 4~6 毫米；花柄较短，约 1 毫米；花柄顶端形成花托；花萼呈漏斗状。有雄蕊 2 枚，与花瓣对生，花药黄色，花丝扁短；有雌蕊 1 枚，柱头淡绿色，长 2~3 毫米，初花时分泌黏液，花柱短，子房上位，圆形或椭圆形。子房 2 室，每室有胚珠 2 枚。

果实为核果，近球形或长椭圆形，长 1.5~4 厘米，径 1.2 厘米成熟时紫黑色，有光泽；内果皮硬，种子一颗，胚乳肉质，含油量较高，高达 50%~70%。

花期 4—5 月，果期 6—9 月。

（油料作物——大戟科作物）

油　桐

●原产地为中国。通常栽培于海拔1 000米以下丘陵山地。在我国长江流域及以南地区广为种植。值得一提的是，由于受化学合成油漆大量使用的冲击，有的地方大量砍伐，面积有所减少。

●油桐种子含油，高达70%，桐油是重要工业用油，制造油漆和涂料，经济价值特高．桐油色泽金黄或棕黄，都是优良的干性油，有光泽，不能食用，具有不透水、不透气、不传电、抗酸碱、防腐蚀、耐冷热等特点．广泛用于制漆、塑料、电器、造船、人造橡胶、人造皮革、人造汽油、油墨等制造业。

油桐花形态结构

油桐为大戟科多年生属落叶乔木植物。

油桐花形态结构

花雌雄同株，先叶或与叶同时开放；花萼长约1厘米，2~3裂，外面密被棕褐色微柔毛；花瓣白色，有淡红色脉纹，倒卵形，长2~3厘米，宽1~1.5厘米，顶端圆形，基部爪状；雄花：雄蕊8~12枚，2轮；外轮离生，内轮花丝中部以下合生；雌花：子房密被柔毛，3~5（8）室，每室有1枚胚珠，花柱与子房室同数，2裂。

（油料作物——蓖麻科作物）

蓖　麻

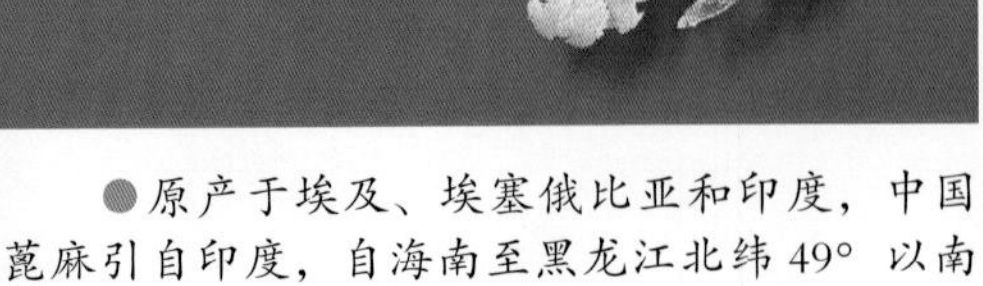

●原产于埃及、埃塞俄比亚和印度，中国蓖麻引自印度，自海南至黑龙江北纬 49° 以南均有分布。华北、东北最多，西北和华东次之，其他为零星种植。

●蓖麻种子可榨油，油黏度高，凝固点低，既耐严寒又耐高温，在 −10~−8℃不冰冻，在 500~600℃不凝固和变性，具有其他油脂所不及的特性。为化工、轻工、冶金、机电、纺织、印刷、染料等工业和医药的重要原料。

●值得注意的是，蓖麻籽中含蓖麻毒蛋白及蓖麻碱，可引起中毒。据载，如果 4~7 岁小儿服蓖麻子 2~7 粒可引起中毒、致死。成人 20 粒可致死。

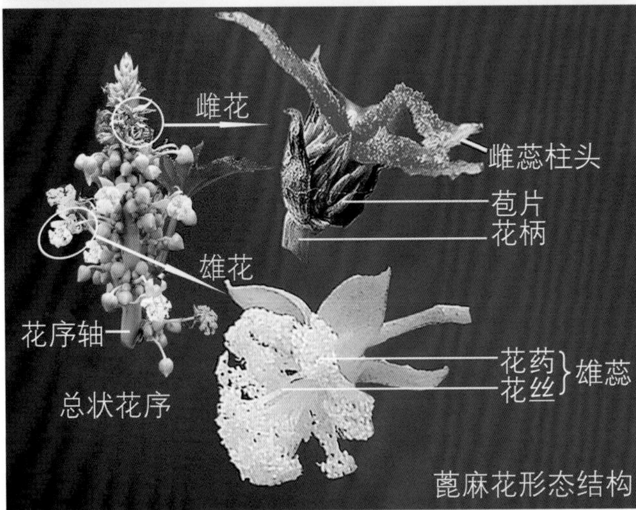

蓖麻花形态结构

蓖麻为大戟科一年生或多年生草本或灌木植物。

蓖麻花形态结构

总状花序或圆锥花序，长 15~30 厘米或更长；雌雄异花，同株同序，花序下部生雄花，上部生雌花；苞片阔三角形，膜质，早落；雄花：花萼裂片卵状三角形，长 7~10 毫米；雄蕊束众多；雌花：萼片卵状披针形，长 5~8 毫米，凋落；子房卵状，直径约 5 毫米，密生软刺或无刺，花柱红色，长约 4 毫米，柱头 3 裂，密生乳头状凸起。

香料作物

在我们栽培的作物中，其株体的某部分如根、茎、叶、花、果实和种子中，含有辛辣、芳香物质的作物称为香料作物，如花椒、藿香、芫、茴香、八角、胡椒、砂仁、豆蔻、桂皮和玫瑰、薄荷、薰衣草、茉莉、桂花、蜡梅等，这些作物的产品或者通过各种工艺加工提取的香料，属植物性天然香料，具有绿色、环保、安全等优点，已被广泛使用于食品、日用化工、化妆、护肤美容、烟草、医疗、环境卫生等行业，受到人们的喜爱。

在人们日常饮食中，烹饪菜肴、制作糕点食品、配制饮品，香料都是不可或缺之物。

它具有赋味、增香和调味的作用。

随着我国人民生活水平和质量的不断提高，种植香料作物具有广阔的前景。

（香料作物——芸香科作物）

花 椒

●花椒，又名麻椒、川椒或山椒等。原产于中国，在我国南北地区均有种植。

●花椒果实含有挥发油，味香而麻，是人们较为喜爱的调料品。以食用习惯看，一般北方人喜欢香型的花椒，而南方特别是西南地区的人们则喜欢麻香型花椒。驰名的四川火锅，更离不开麻椒。

花椒为芸香科有刺乔木或灌木。

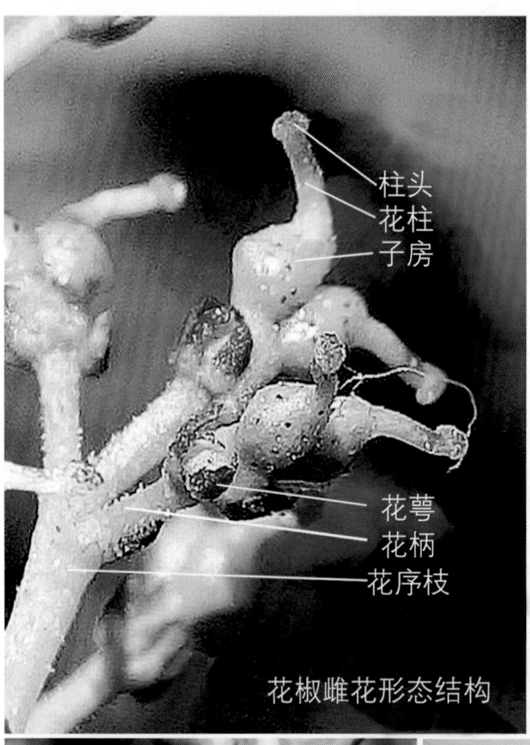

花椒雌花形态结构

花椒花的形态结构

花椒花，其花序为圆锥花序或伞房状聚伞花序。花单性，雌雄异株，或腋生。

雌雄花的花被，若花被片排列成一轮，则花被片4~8片，无萼片与花瓣之分，若排成两轮，则外轮为萼片，内轮为花瓣，均4或5片。

雌花雌蕊由2~5个离生心皮组成，每心皮有并列的胚珠2颗，花柱靠合或彼此分离而略向背弯，柱头头状。

雄花有雄蕊5~10枚，药隔顶部常有1油点，花丝白色、花药黄色或淡黄色，有退化雌蕊垫状凸起。

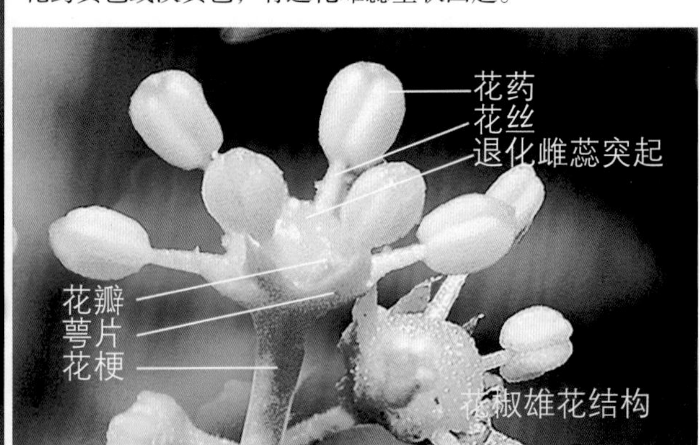

花椒雄花结构

花椒雄株雄花

花椒雌株雌花

（香料作物——唇形科作物）

藿　香

●藿香原产于亚洲亚热带地区，中国是原产地之一。在全国各地广泛分布，主产于四川、江苏、浙江、湖南、广东等地。

●藿香的茎和叶富含挥发性芳香油，有浓郁的香味，为芳香油原料。藿香亦是烹饪各式菜肴的常用佐料，著名的川菜品系中，以藿香作香料的菜品较多，如藿香鱼、藿香鳝鱼等，就是香辣味浓郁、具有独特风味的几道知名菜品，深受食客们的喜爱。藿香全株均可作药，有止呕吐、治霍乱、腹痛、驱逐肠胃胀气、清暑等功效。此外，藿香还可用作园林或庭院栽植美化环境。

藿香为唇形花科一年或多年生草本植物。

藿香花形态结构

在主茎或侧枝上组成密集的圆筒形穗状花序，花萼管状倒圆锥形，浅紫色或紫红色，喉部微斜，萼齿三角状披针形，后3齿长，前2齿稍短。花冠淡紫蓝色或白色，外被微柔毛，冠筒向上渐宽，冠檐2唇形，上唇直伸，先端微缺，下唇3裂，中裂片较宽大，边缘波状，侧裂片半圆形。雄蕊为两强雄蕊，花丝细，扁平，伸出花冠，无毛。雌蕊子房裂片顶部具茸毛。卵状长圆形，腹面具棱，先端具短硬毛，褐色；花柱与雄蕊近等长，先端柱头2裂。

（香料作物——木兰科作物）

八 角

●八角又称大料、八角茴香、八角珠、八角香、八角大茴、五香八角、大茴香等。是我国的特产，主要分布在广东、广西、云南、四川、贵州、湖南、湖北、江西、江苏、浙江、福建、台湾等省区。

八角花结构示意图

●八角果实辛香味浓，是人们炖、烧、卤、腌渍等烹饪菜肴中不可或缺的调味香料，也可药用。

八角为木兰科八角属常绿乔木香辛植物。

八角花形态结构

花两性，单生叶腋或近顶生。花梗较长，花被片7~12片，常10~11片，花瓣淡黄色、粉红至深红色，肉质，常具不明显的半透明腺点，外缘最大的花被片宽椭圆形到宽卵圆形；雄蕊11~20枚，多为13、14枚，排成2~3轮，花丝较短，药隔截形，药室稍微凸起；雌蕊子房通常8心室，有时7或9，少有11，离生，花柱钻形，长度比子房长。每年开花结果两次，2—3月开花，9—10月果熟；8—9月开花，翌年3—4月果熟。以秋果为主。

（香料作物——姜科作物）

砂 仁

●砂仁又名小豆蔻，原产于东南亚亚热带和热带地区，在我国作为香料和药用作物广为种植，已有上千年的历史。主要分布在云南、广西、广东、海南等地。

●砂仁成熟的果实干果及种子，气味芳香辛辣而浓烈，其味似樟。在我国菜谱中，常作为香料调味品和佐料，烹饪菜肴。又因其具有治疗脾胃气滞、宿食不消、腹痛痞胀、噎膈呕吐、寒泻冷痢的效果，也是中医常用的一味药材。

鲜果

干果

●砂仁植株紧凑而挺拔，幽绿的剑状叶片，丛中悬挂着一串串碧玉般的花朵和翡翠绿的灯笼状小果，煞是好看，亦是当地人们在庭院和盆景栽培的观赏植物。

砂仁花剖面

砂仁为姜科多年生缩根常绿草本植物。

砂仁花形态结构

花茎由根茎抽出，具有鳞片叶，淡棕色；穗状花序，蔬松；苞片长椭圆形，光滑膜质；小苞片管状，顶端2裂，胶质；花萼管状，长约1.6厘米，先端3浅裂，裂片近于三角形；花冠唇形，花冠管细，3裂，裂片长圆形，白色，先端兜状；唇瓣倒卵状至匙形，白色，中部内侧具有淡黄色及红色的斑点，先端有不整齐缺刻。雄蕊1枚，冠生，呈长乳状凸起，雄蕊花药光滑，药隔附属物3裂，两侧裂片细小，中央裂片宽大而反卷，花丝扁短；雌蕊子房下位，球形，3室，每室胚珠多枚，花柱细长，伸至雌蕊顶端，基部具2~3枚蜜腺，柱头近球形。

果实为蒴果，近球形，不开裂，直径约1.5厘米，具刺状凸起，熟时棕红色。种子多数，芳香。

（香料作物——蔷薇科作物）

食用玫瑰

●食用玫瑰原产于中国，栽培历史悠久，距今已有 1 300 多年。目前，在中国各地广泛栽培。

●玫瑰花，具有颜色鲜艳、味香等特点，可作天然饮料及食品。如玫瑰酒、玫瑰露、玫瑰酱以及作为制作各式点心、糕点、糖果、饮料等食品的天然香料。用它提炼的香精玫瑰油，要比等重量黄金价值高，被誉为“液体黄金”。应用于化妆品、食品、精细化工等工业的原料。

食用玫瑰为蔷薇科落叶小灌木植物。

食用玫瑰花形态结构

花单生于叶腋，或数朵簇生，苞片卵形，边缘有腺毛，外被绒毛；花梗长 5~22.5 毫米，密被绒毛和腺毛；花直径 4~5.5 厘米；萼片卵状披针形，先端尾状渐尖，常有羽状裂片而扩展成叶状，上面有稀疏柔毛，下面密被柔毛和腺毛；花瓣倒卵形，重瓣至半重瓣，芳香，紫红色；雄蕊离生，多枚，花药黄色，雌蕊花柱离生，被毛，比雄蕊短很多。

（香料作物——唇形花科作物）

薰衣草

薰衣草花束

多样的薰衣草香味产品

●薰衣草又名香水植物、灵香草、香草、黄香草，薰衣草原产于法国和意大利南部地中海沿海的阿尔卑斯山南麓一带，近年来引入我国，已在各地广为种植，也成为亚洲地区最大的香料生产基地。

●薰衣草是一种名贵而重要的天然香料植物，以其干品或提取精油用作香料和化妆品；它的叶形花色优美典雅，蓝紫色花序颖长秀丽，香气清香舒爽、浓郁宜人，又是旅游景区、公园、庭院中一种多年生耐寒花卉。薰衣草在欧洲，还广泛使用于医疗上，茎和叶都可作药，是健胃、发汗、止痛的良药。

薰衣草为唇形花科多年生草本植物。

薰衣草花形态结构

穗状花序顶生，长15~25厘米；花梗短，苞片菱状卵圆形，先端渐尖成钻状，具5~7脉，干时常带锈色，被星状绒毛；花萼卵状管形或近管形，内面近无毛，2唇形，上唇1齿较宽而长，下唇具4短齿，齿相等而明显；花冠下部筒状，上部唇形，上唇2裂，下唇3裂；花冠为花萼的2倍，有条脉纹，花冠外面披毛被，基部近无毛，内面在喉部及冠檐部分被腺状毛，中部具毛环，冠檐2唇形，上唇直伸，2裂，裂片较大，圆形，且彼此稍重叠，下唇开展，3裂，裂片较小。花冠有蓝、深紫、粉红、白等色，常见的为紫蓝色。有雄蕊4枚，2长2短，前对较长，着生在毛环上方，不外伸，花丝扁平，无毛，花药被毛。雌蕊花柱被毛，先端压扁二分叉。

（香料作物——唇形花科作物）

薄 荷

●薄荷原产于地中海和西亚地区，我国各地均有种植。中国是薄荷油、薄荷脑的主要输出国之一。

●全株辛凉性芳香。是一种有特种经济价值的芳香作物。它可烹饪清香可口的菜肴，用它提取的薄荷香精又是食品、日用化工品的最佳天然添加剂。在糕点、糖果、酒类、饮料中加入微量的薄荷香精，即具有明显的芳香宜人的清凉气味，能够促进消化、增进食欲。在牙膏、牙粉、冷霜、剃须膏、花露水、香水、香皂、洁面乳、面膜、洗发膏、洗发水、洗手液、沐浴露、防晒霜等护肤化妆品和洗涤用品中加入微量的薄荷香精，既可收到清凉芳香之功效，又有杀菌消毒之妙用。

薄荷为唇形科多年生宿根性草本植物。

薄荷花形态结构

轮伞花序腋生，轮廓球形，具梗或无梗，被微柔毛；花梗纤细，被微柔毛或近于无毛。花萼管状钟形，外被微柔毛及腺点，内面无毛，10脉，不明显，萼齿五，狭三角状钻形，先端长锐尖。花冠淡紫、紫色、粉红或白色，外面略被微柔毛，冠檐5裂，上裂片先端二裂，较大，其余3裂片近等大，长圆形，先端钝。有雄蕊4枚着生在花冠壁上，花丝丝状，无毛，2长2短，伸出或不伸出花冠之外，花药卵圆形，2室平行；有雌蕊1枚，花柱略超出雄蕊伸出花冠外，顶端柱头二裂。

中国薄荷
荷兰薄荷
法国薄荷

（香料作物——木犀科作物）

桂 花

●桂花原产于我国西南地区，栽培历史悠久，远在2 000多年前的战国时期已有栽培。现广泛栽种于长江流域及以南地区。桂花树经过长时间的自然生长和人工培育，现在已经演化出很多桂花树品种，大致可分为四个品种，即丹桂，金桂，银桂和四季桂。

●桂花芳香浓郁，素有香飘百里之称。桂花可提取芳香油，制桂花浸膏，可用于食品、化妆品，可制作各式糕点、糖果，并可酿酒、制茶。亦是观赏和闻香植物。桂花味辛，可入药。

各式桂花食品

桂花树为木犀科多年生常绿灌木或小乔木。

桂花花形态结构

聚伞花序簇生于叶腋，或近于帚状，每腋内有花多朵，苞片宽卵形，质厚，长2~4毫米，具小尖头，无毛；花梗细弱，长4~10毫米，无毛；花形小而极芳香；花萼长约1毫米，裂片稍不整齐；花冠4瓣，黄白色、淡黄色、黄色或橘红色，长3~4毫米。花冠管仅长0.5~1毫米；雄蕊着生于花冠管中部，花丝极短，长约0.5毫米，花药长约1毫米，药隔在花药先端稍延伸呈不明显的小尖头；雌蕊长约1.5毫米，花柱长约0.5毫米。花期9—10月。

（香料作物——蜡梅科作物）

蜡　梅

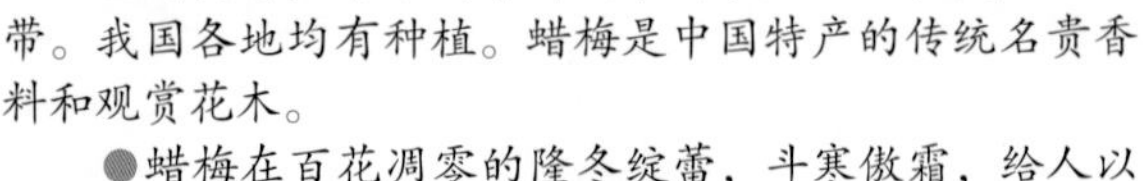

●蜡梅原产于中国中部的秦岭、大巴山、武当山一带。我国各地均有种植。蜡梅是中国特产的传统名贵香料和观赏花木。

●蜡梅在百花凋零的隆冬绽蕾，斗寒傲霜，给人以精神的启迪，美的享受。蜡梅花芳香美丽，是冬季赏花的理想名贵花木，是园林绿化的香花植物。此外，蜡梅花制作的花干，可作清凉饮料，也是制作高级花茶的香花之一，具有解暑生津，治心烦口渴的效果。蜡梅花含有芳樟醇、龙脑、桉叶素、蒎烯、倍半萜醇等多种芳香物，用它提炼而成的高级香料，在国际市场上相当于黄金价格 4~5 倍。

蜡梅为蜡梅科落叶多年生丛生灌木。

蜡梅花形态结构

花着生于第二年生枝条叶腋内，先花后叶，芳香，直径 2~4 厘米；花瓣蜡黄色，圆形、长圆形、倒卵形、椭圆形或匙形，无毛，内轮花被片比外部花被片短；有雄蕊 5 枚，花丝比花药长或等长，花药向内弯，无毛，药隔顶端短尖，雌蕊心皮基部被疏硬毛，子房椭圆形，花柱长达子房 3 倍，基部被毛。

饮料作物

茶、咖啡、可可并称当今世界的三大无酒精饮料，不同文化背景的国家在饮品选择方面有着各具特色的偏好，自然清新的茶香，浪漫浓郁的咖啡，刺激兴奋的可可，各有所爱。

中国是种茶、制茶、饮茶的发源地。茶树品种丰富，制茶工艺多样，茶叶产品繁多，驰名世界。

在中国，茶馆、茶室、茶庭、茶屋、茶苑、茶壶、茶杯、茶具、泡茶、饮茶、品茶，会友谈天，摆龙门阵，有着深厚的文化底蕴。中国的“茶道”文化，通过泡茶、饮茶赋予人们礼仪、道德和身心的熏陶、修炼。

“茶”字，在饮品中已演变为广泛的含义，凡用以泡制而饮用的都可称为“茶”。如菊花茶、茉莉花茶、金银花茶、枸杞茶等。这些“茶”别有风味，也越来越受到不同人群的青睐。

（饮料作物——山茶科作物）

茶 树

●中国是茶树的原产地，西南地区云南、贵州、四川是茶树原产地的中心。我国是世界上最早种茶、制茶、饮茶的国家，茶树的栽培已有几千年的历史，中国茶叶闻名于世，古时就通过茶马古道和丝路传到世界各地，成为世界重要的饮品之一。

●茶树一身都是宝，除其嫩叶可制成“茶叶”做饮品外，老熟的果实种子，可轧制优质的食用油；近来，研究发现茶树的花朵营养丰富，活性成分极高，具有很高的开发利用价值，可制作优质营养品。

茶树为山茶科多年生常绿木本植物。

茶花形态结构

茶花形态结构

一般为灌木，在热带地区也有乔木型茶树，高达15~30米。

花着生于新梢的叶腋间，着生1~5个。花轴短而粗，有单生、对生和丛生，属假总状花序。花柄弯曲向下。

花冠：白色或粉红色，由5~9片发育不一致的花瓣组成。上部分离，下部联合并与雄蕊合生。

雄蕊：着生于花冠的内方，雄蕊数多，一般每朵花有200~300枚，分两轮排列，外轮高于内轮，基部与花瓣愈合，为冠生花蕊。

雌蕊：子房分3~5室，每室由4枚胚珠。花柱较长，柱头3~5裂。开花时分泌黏液，易与花粉粒黏着。

（饮料作物——菊科作物）

茶菊花（杭菊、川菊）

川菊

●茶菊花，指的是可供泡茶饮用的菊花。菊花起源于中国，有 2 500 多年的栽培历史，品种繁多，是我国种植最广泛的一种传统名花。它除了做园林观赏外，以药用菊花和茶用菊花占较大比例。以菊作茶起源于唐朝，至今被广泛应用于民众生活中，因它具有多重保健功能，越来越受到人们的喜爱。

●茶菊花以浙江的杭菊，安徽的亳菊、滁菊，河南的怀菊和四川的川菊最为驰名。

茶用菊为菊科宿根多年生草本植物。

茶用菊花形态结构

茶用菊的花结构与其他菊科作物类同，即头状花序，花序总苞中央着生管状花，边缘着生舌状花。川菊与杭菊的不同之处在于：川菊的舌状花为一轮，黄色；杭菊的舌状花为多轮，白色；管状花相同均为黄色。

杭菊

（饮料作物——茄科作物）

假酸浆（冰粉籽）

●假酸浆，原产于秘鲁，何时传入中国尚不清楚，在我国西南地区的云南、四川、广西等地广为分布，据记载已有几百年栽培历史。多生长于田边、沟边、荒地、屋园周围、篱笆边。现已有很多地区大面积栽培。

●用冰粉籽作出的冰粉，形似果冻，是夏天的一道传统小吃。冰粉因其晶莹剔透、爽滑、冰爽、美味、价廉而倍受人们青睐。在夏日，当你酷热难耐、口干舌燥的时候，如果来一碗红糖冰粉，那亮晶晶、凉幽幽、甜蜜蜜、香喷喷的冰粉，一碗吃下去，感觉真是美极了。

冰粉籽为茄科一年生草本植物假酸浆的种子。

假酸浆花形态结构

花单生于叶腋，通常具较叶柄长的花梗，俯垂；花萼5片深裂，裂片先端尖锐，基部心形，谢花后膨大，五棱合拢，形似小灯笼，包裹果实；花冠喇叭形，下部白色，上部浅蓝色，花筒内面基部有5个紫斑；有雄蕊5枚，花丝向内弯曲，花药黄色；有雌蕊1枚，子房3~5室，花柱直立，柱头头状。浆果球形，直径1.5~2厘米，黄色，被膨大的宿萼所包围。

（饮料作物——茄科作物）

枸 杞

●枸杞，又称枸杞子、红耳坠、茨、血杞子、西枸杞、津枸杞等。原产于我国北部，河北、山西、陕西北部、内蒙古、甘肃、宁夏、青海、新疆均有栽培，尤以青海、宁夏栽培面积大、产量高、质量好。宁夏中宁县有“枸杞之乡”之称，所产枸杞驰名中外，是当地农民创收致富的支柱产业。

枸杞大枣菊花汤

●枸杞子富含枸杞多糖，由6种单糖成分组成，属水溶性多糖，具有生理活性，易被人体吸收，能够增强非特异性免疫功能，对提高体力不济的所谓“亚健康”人群健康水平有明显疗效。属于一种饮料佳品和比较好的滋补品。

枸杞子泡水、煲汤或泡酒服用，是所有服用方法中吸收营养成分最完全的方法。如果配伍以菊花、金银花、红枣、银耳、黄芪、薄荷、绿茶等，加以冰糖，饮用后让人感觉心旷神怡。尤其是与菊花配伍，可以滋阴明目，清除肝火。

枸杞为茄科多年生小灌木植物。

枸杞花形态结构

花腋生，通常1~2朵簇生，或2~5朵簇生于短枝上；花萼钟状先端2~3深裂；花冠漏斗状，先端5裂，裂片卵形，粉红色或淡紫红色，具暗紫色脉纹，管内雄蕊着生处之上方有一轮柔毛；雄蕊5枚；雌蕊1枚，子房长圆形，2室，花柱线形，柱头头状。

果实为浆果，卵圆形、椭圆形或阔卵形，红色或橘红色。种子多数。花期5—10月。果期6—10月。

（饮料作物——木犀科作物）

茉 莉

●茉莉原产于印度、伊朗、阿拉伯一带，中国也有2 000多年的种植历史。现今，在我国各地广为种植。

●茉莉的花极香，为著名的饮料及重要的香精原料；又是常见庭园及盆栽观赏芳香花卉。用茉莉花制作花茶，其滋味鲜浓醇厚、更易上口，是饮茶之上品，是人们喜爱喝的饮品之一。用它提取茉莉油，身价很高，相当于黄金的价格。

●茉莉花美丽芳香、纯洁而高雅，人人赞美，人人夸。具有浓厚中国韵味的“茉莉花”歌曲，不仅国人爱听爱唱，作为友好的象征，亦在世界各国广为流传歌唱。

茉莉花为木犀科多年生常绿小灌木。

茉莉花形态结构

聚伞花序顶生，每序通常有花3~5朵，有的品种多达十几朵；花序梗长1~4.5厘米，被短柔毛；苞片微小，锥形，长4~8毫米；花梗长0.3~2厘米；花萼无毛或疏被短柔毛，裂片线形，长5~7毫米；花冠白色，芳香；有多瓣、重瓣、双瓣或单瓣之分，花冠管长0.7~1.5厘米，裂片长圆形至近圆形，宽5~9毫米，先端圆或钝。有雄蕊2~5枚，因不同品种而异；有雌蕊1枚。

（饮料作物——忍冬科作物）

金银花

●金银花又名忍冬，原产于我国，分布各省，为温带及亚热带树种，因其花色初开时为白色，渐变为黄色，黄白相映，因此得名金银花。

●金银花是一种具有悠久历史的常用中药和饮料。金银花性寒，味甘，清香，用它制作的花干，可作花茶饮料，具有清热、解渴和解毒的功效。

金银花花结构

金银花为忍冬科多年生半常绿缠绕木质藤本植物。

金银花形态结构

总花梗通常单生于小枝上部叶腋，花蕾呈棒状，上粗下细。花萼细小，黄绿色，先端5裂，裂片边缘有毛。花冠5瓣，下端联合成筒状，先端呈二唇形，上唇4瓣，顶端分裂呈钝形，下唇1瓣呈带状而反曲；花冠白色，有时基部向阳面呈微红，后变黄色。有雄蕊5枚，着生于花筒壁，花丝较长，伸出冠外，花药黄褐色；有雌蕊1枚，子房无毛，花柱略长于花丝，柱头球状。

（饮料作物——茜草科作物）

咖　啡

●咖啡树原产于非洲埃塞俄比亚西南部的高原地区。现在位于南北回归线间拥有高山地形的亚热带、热带国家，均有广泛种植。19世纪末期，由法国传教士带入我国云南，近些年来，在我国东南部、南部和西南部地区的省份，有了很大的发展。

●人们日常饮用的咖啡，是用咖啡树果实里面的果仁，经过特殊烘焙制作的咖啡豆，用各种不同的烹煮器具熬制作出来的饮品。咖啡与茶叶、可可同为流行于世界的三大主要饮料。咖啡壶具、烹煮调制咖啡、饮咖啡、品咖啡以及咖啡馆，与中国饮茶文化一样，具有深厚的文化底蕴。

咖啡树为茜草科常绿小乔木植物。

咖啡花形态结构

花纯白色，艳丽，较小，着花密集；花冠合瓣，下部管状、漏斗状，上端通常5裂，裂片镊合状、覆瓦状排列整齐；雄蕊与花冠裂片同数而互生，着生在花冠管的内壁上，花药2室，纵裂；雌蕊通常由2心皮组成，合生，子房下位，子房室数与心皮数相同，有时隔膜消失而为1室，花柱顶生，柱头具二分叉或头状，子房胚珠室1至多枚。果实为浆果。

开花　结果
（春华秋实）

（饮料作物——梧桐科作物）

可 可

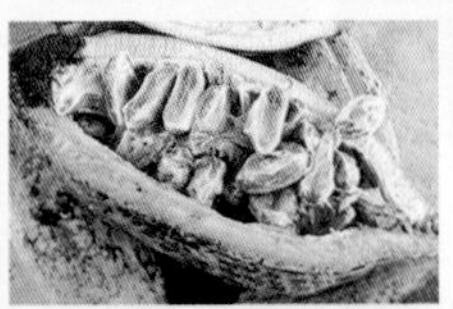

制作可可浆与粉

可可花结构

●可可，原产于南美洲热带地区，现广泛栽培于全世界的热带地区。在我国海南和云南南部有较大面积栽培。

●果实采收后，取出种子（称可可豆），经过发酵、干燥、除尘、烘焙及研磨，成为浆状，称巧克力浆；或以压榨制出可可脂和可可粉。用于制作各种巧克力、饮料、糕点及冰淇淋等食品，是世界三大饮料之一。

可可树为梧桐科热带常绿乔木植物。

可可花形态结构

花呈聚伞花序排列，着生于树干或树枝干上，花梗长约12毫米；花萼乳黄色或粉红色，萼片5枚，长披针形，宿存，边缘有毛；花瓣5片，淡黄色，略比萼长，下部盔状，略透明，中部急狭窄而反卷，顶端变宽呈心状；退化雄蕊线状，发育雄蕊与花瓣对生；子房倒卵形，稍有5棱，5室，每室有胚珠14~16枚，排成两列，花柱圆柱状。

（饮料作物——葫芦科作物）

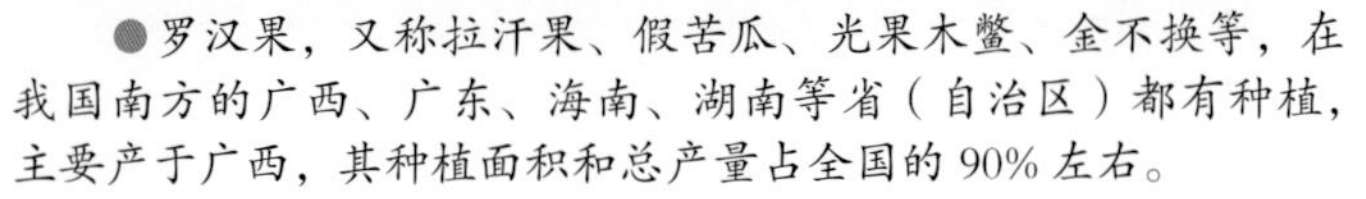

罗汉果

●罗汉果，又称拉汗果、假苦瓜、光果木鳖、金不换等，在我国南方的广西、广东、海南、湖南等省（自治区）都有种植，主要产于广西，其种植面积和总产量占全国的90%左右。

●罗汉果鲜果或经烘焙的干果实可煮汤羹，可烹饪药膳，亦可泡茶饮用。营养价值很高，含丰富的维生素C（每100克鲜果中含400~500毫克）以及糖甙、果糖、葡萄糖、蛋白质、脂类等，被人们誉为“神仙果”。罗汉果的花，清香入沁、内含天然花蜜，泡水喝口味甘甜，饮用方便，如加蜂蜜和茶叶泡水口味最佳。具有清热解毒、化痰止咳、清肝润肺、防暑降温、调压降脂、养颜美容的功效。罗汉果是老少皆宜的天然绿色药膳、保健饮品。

罗汉果为葫芦科多年生藤本植物。

雌花

雄花

罗汉果花形态结构

花单性，雌雄异株；雄花序总状，腋生，每一花序着生5~7朵雄花，花柄长约1.5厘米，有白色柔毛和红色腺毛。花萼轮状，5浅裂，裂片尖端具线状尖尾，背面中部有一弯曲的中肋；花冠5瓣，分离，淡黄色，略带红色，卵形近倒卵形或长披针状，有脉纹6~8条，渐尖，先端具尖尾，花瓣外面均被柔毛及红色腺毛；有雄蕊3枚，着生于花筒下近基部，花丝基部膨大，花药分离，绿黄色，药室是“S”形折曲，其中1枚1室，2枚2室；花丝粗短，绿黄色或青绿色；雌花单生于叶腋，或簇生于总花梗上；花柄、花冠与雄花相似；雌蕊子房下位，长圆形与花萼管合生；花柱3枚，粗短，绿色，柱头2分叉，有3枚退化的雄蕊，黄色，长者可同花柱等长。

雌花果架

雄花架

其他经济作物

这些作物的产品主要用于纺织、制糖、烟草、食品、酿酒、除虫剂等工业加工的原料，如棉花、剑麻、甘蔗、甜叶菊、烟草、啤酒花、除虫菊等。

（经济作物——锦葵科作物）

棉　花

●一般我们所说的“棉花”，其实并不是花，它指的是老熟果实中种子外种皮上所长的白色绒毛状纤维，亦是这种植物的总称。

棉花是世界上最主要的农作物之一，根据相关国际组织按棉纤维粗细、长短和原产区的最新分类，全世界种植的棉花有原产于非洲南部的细长纤维草棉——非洲棉；原产于印度南部大陆的短纤维棉——亚洲棉；原产于中、南美洲的细纤维棉——海岛棉和中长纤维棉——陆地棉4个栽培种。当前世界各产棉国所栽培的棉花98%以上是陆地棉和海岛棉。

我国已有2 000多年的植棉历史，现今中国是全球最大的棉花生产国，在种植面积、单位面积产量和总产量均居世界第一。我国的棉纺织业产量、贸易量和消费量等方面亦居全球之首。

●可以说棉花全身都是宝，有较高的利用价值。其主产品棉绒纤维，是纺纱、织布、制衣等纺织业的重要原料。因棉织物具有坚韧耐磨、吸湿性强、透气性好、手感柔软、穿着舒适等优点，深受人们的喜爱，是化学纤维不可替代之物。寒冬季节，人们防寒保暖不可或缺的棉衣棉裤，棉被棉褥都离不开棉绒，世人常把棉花赋予着“温暖”的象征；棉花的种子（棉籽）含油率高达35%~46%，又是提炼食用油重要原料，棉籽油色清透明，可用来炸制薯条，生产制作黄油、沙拉调味品和冰激淋等食品；棉籽中蛋白质含量高达30%~35%，又是良好的牲畜饲料；棉花的干果壳和株秆还可造纸、制作板材。

棉花为锦葵科一年或多年生小灌木植物。

棉花花形态结构

总状花序，花着生于花序枝节上，与叶对生。花梗较短；有苞叶3片，三角形，上缘深裂呈锯齿状，宿存至果实成熟；花萼5片联合成杯状，基部与苞叶相接处有蜜腺；花冠5瓣，开花初期为乳白色或淡黄色，后逐渐变为粉红色和深红色，直至脱落；有雄蕊多枚，花丝联合呈管状，花药呈圆形，乳白色或淡黄色；有雌蕊1枚，被雄蕊花丝管包围，柱头长条形3裂，白色，子房有4~5个心室，每室有胚珠6~10枚。

（经济作物——茄科作物）

烟 草

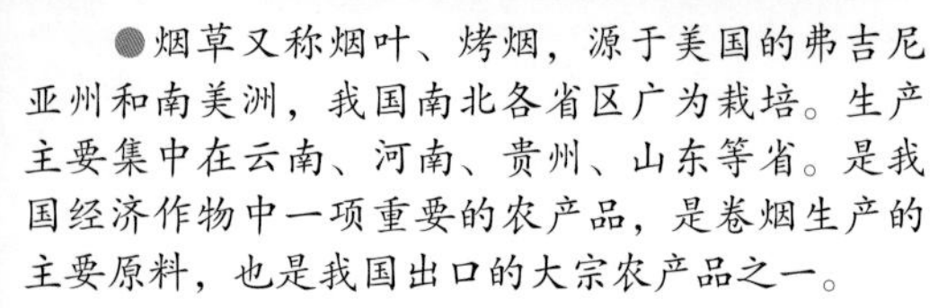

●烟草又称烟叶、烤烟，源于美国的弗吉尼亚州和南美洲，我国南北各省区广为栽培。生产主要集中在云南、河南、贵州、山东等省。是我国经济作物中一项重要的农产品，是卷烟生产的主要原料，也是我国出口的大宗农产品之一。

烟草为茄科一年生或有限多年生草本植物。

烟草花形态结构

圆锥花序顶生，着多花；花梗长5~20毫米。花萼筒状或筒状钟形，裂片三角状披针形，长短不等；花冠漏斗状，淡红色，筒部白色，稍弓曲，较长，长3.5~5厘米，檐部宽1~1.5厘米，裂片急尖；雄蕊5枚，其中1枚显著较其余4枚短，为冠生雄蕊，不伸出花冠喉部，花丝基部有毛；雌蕊1枚，花柱较长，多伸出花冠，柱头墨绿色，球状5深裂。

（经济作物——龙舌兰科作物）

剑 麻

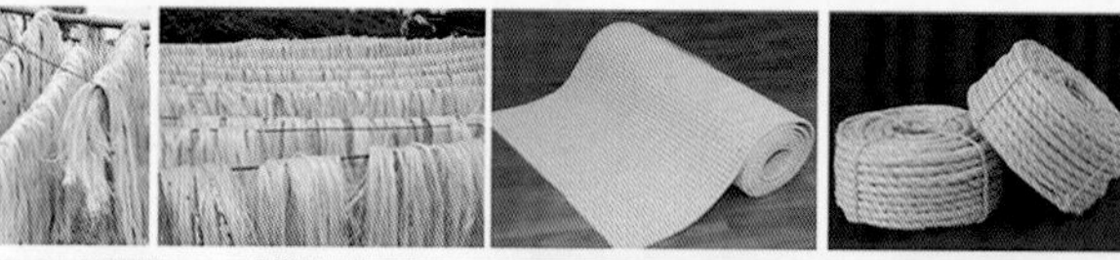

●剑麻，又名菠萝麻，原产于墨西哥，现主要在非洲、拉丁美洲、亚洲等地种植，在我国南方，云南、广西、福建、广东、海南等地都有大面积种植。剑麻是当今世界用量最大，范围最广的一种硬质纤维作物。

●剑麻的叶纤维具有质地坚韧，弹性及拉力性强、光泽性好、耐磨、耐盐碱、耐腐蚀等特性，广泛运用于运输、渔业、石油、冶金等各种行业，具有重要的经济价值。

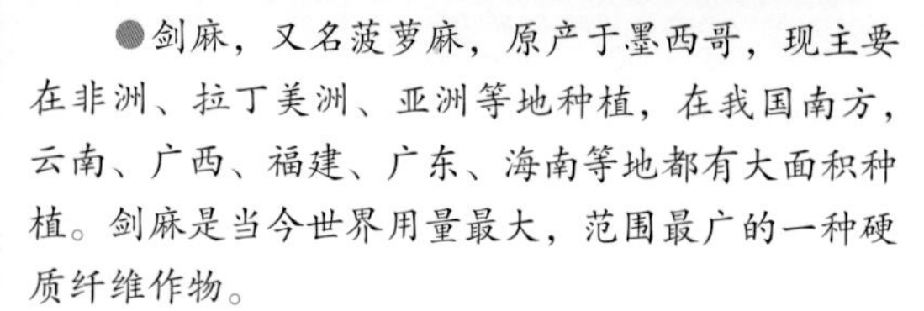

剑麻为龙舌兰科多年生热带纤维植物。

剑麻花的形态结构

圆锥花序粗壮，可高达 6 米；花梗长 5~10 毫米；花冠黄绿色，基部管状，裂片卵状披针形，肉质，长 1.2~2 厘米；有雄蕊 6 枚，着生于花冠裂片基部，花丝黄色，花药丁字形着生；子房下位，长圆形，具 3 室，胚珠多数，花柱线形，柱头稍膨大，3 裂。

（经济作物——大麻科作物）

啤酒花

●啤酒花又叫蛇麻花、酒花。原产于欧洲。在中国，人工栽培酒花的历史已有半个世纪，目前在新疆、甘肃、内蒙、黑龙江、辽宁等地都建立了较大的啤酒花原料基地。

●在酿制啤酒时添加啤酒花，可酿造出具有独特清爽的苦味和芬芳的香味；具有洁白、细腻、丰富且挂杯持久的啤酒泡沫和清纯剔透、甜度自然，爽口解渴且具有防腐能力的啤酒来。为此，啤酒花也被誉为“啤酒的灵魂”，成为酿造啤酒不可缺少的原料之一。

啤酒花为大麻科多生缠绕草本植物。

啤酒花雌花花序剖面

啤酒花形态结构

花单生、雌雄异株，雄花细小，排成圆锥花序，花冠裂片和雄蕊各 5；雌花穗状花序椭球形，长 2.5~3 厘米，直径 1.5~2.5 厘米。苞片复瓦状排列，约 45 片，表面绿色或淡棕色。每两朵雌小花生于一苞片腋部，花后，果期苞片宿存并增大，呈球果状，长 3~4 厘米，有黄色腺体，气芳香，含酒花树脂和酒花油。

（经济作物——禾本科作物）

甘 蔗

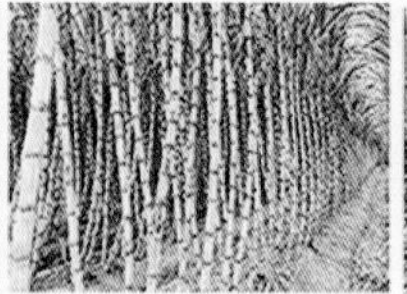

●甘蔗，又称糖蔗、竹蔗、甜蔗等。甘蔗原产于印度，现今广泛种植于热带及亚热带地区国家。大约在周朝周宣王时甘蔗传入中国南方。到13世纪（宋代），江南各省已普遍种植。现我国的主产蔗区，主要分布在处于热带、亚热带地区的广东、台湾、广西、福建、四川、云南、江西、贵州、湖南、浙江、湖北、海南等南方12个省。近些年来，广西、云南大力发展甘蔗产业，其种植面积和产量占全国的70%以上。

●甘蔗按用途可分为果蔗和糖蔗两种类型。果蔗主要用作鲜食，它具有茎粗形美、易撕、纤维少、糖分适中、茎脆、汁多味美、口感好等特点；糖蔗含糖量较高，是用来制糖的原料，一般不会用于市售鲜食。因为皮硬纤维粗，口感较差，只是在产区偶尔鲜食。

甘蔗为禾本科多年生热带和亚热带实心草本植物。

甘蔗花形态结构

甘蔗花与其他禾本科作物花结构近似，其圆锥花序大型，长50厘米左右，花为颖花，较小。

（经济作物——菊科作物）

甜叶菊

●甜叶菊，原产于南美巴拉圭和巴西交界的高山草地。20世纪70年代末引进我国种植，现在北京、河北、陕西、江苏、安徽、福建、湖南、云南等地广为栽培。

●甜叶菊叶片中含有菊糖苷6%~12%，其甜度为蔗糖的150~300倍，是一种新型糖源植物。其提取物——菊糖苷，是一种低热量、高甜度的极好的天然甜味剂。是食品及药品工业的原料之一。现今已广泛用来制作低热食品，它不但无副作用，而且能治疗某些疾病，如治糖尿病，降血压，对肥胖症、心脏病、小儿虫齿等也有很好的疗效。

甜叶菊为菊科多年生草本植物。

甜叶菊花形态结构

头状花序，花较小，在枝端排成伞房状，每花序具5朵管状花，小花管状，顶端生长至略高出总苞片时，花冠筒先端开裂并向外平展分裂成5片花瓣，花冠基部浅紫红色或白色，上部白色，先端5裂，总苞筒状，总苞片5~6层，边等长。有雄蕊5枚，着生于花托之上，花丝与花药聚合成管状，为聚药雄蕊。雌蕊花柱在花冠绽放时，逐渐伸长出雄蕊管外，柱头2裂呈“Y”形展开。

（经济作物——菊科作物）

除虫菊

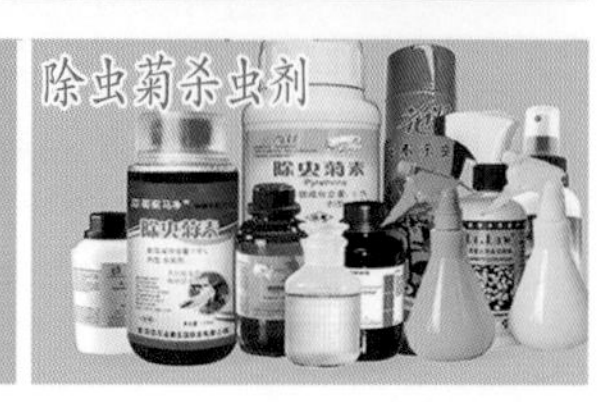

●除虫菊，原产于欧洲南部，20世纪初引种于中国，现在华东、西南各省都有栽培。

●除虫菊对昆虫、蜈蚣、鱼、蛇、蛙等动物有毒杀作用，但对人畜无害。因此，使用安全，不污染环境，是理想的植物性杀虫剂。研究发现，其主要杀虫成分为除虫菊酯、瓜菊酯、茉莉菊酯等，具有趋避击倒和致死的作用。

除虫菊为菊科多年生草本植物。

除虫菊花形态结构

除虫菊花结构与其他菊科作物相似。头状花序，总苞边缘着生舌状花冠，中心着生管状花冠。舌状花冠有白、红、粉红色之分，以白色为主，管状花冠为黄色。

绿肥作物

绿肥作物是为提供作物肥源和优化土壤结构、熟化土壤、培肥土壤所栽培的作物。

栽培绿肥一般以豆科作物为主，如紫云英、苕子、苜蓿、草木犀、蚕豆、紫穗槐等。这些豆科作物的特点在于其根部绒毛能与土壤中的一种固氮菌（根瘤菌）共生，形成根瘤，这种共生体系具有很强的固氮能力，并分泌一些有机氮到土壤中，从而大大提高了土壤的肥力。

绿肥作物通常与其他作物间作、套作和轮作的方式栽培，做到用地、养地相结合。

（绿肥作物——豆科作物）

紫云英

●紫云英，又称江西苕子、红花草等，原产于中国，分布于中国长江流域各省区。中国各地多栽培。

●紫云英为重要的绿肥作物，它的主根肥大，侧根发达，上着生根瘤较多，固氮能力强，氮素利用效率也高。通过轮作、间作和套作等耕作方式，把株体翻耕于土壤中，株体腐解时对土壤氮素的激发量很大，在我国南方农田生态系统中维持农田氮循环有着重要的意义。可惜的是，近些年来有些地方受大量使用化肥的冲击，绿肥作物大面积减少，不利于农田生态体系的维系。

紫云英除作为绿肥作物之外，还是家畜的优质青绿饲料和蛋白质补充饲料。它的嫩梢茎叶亦可供人们作蔬菜食用。

紫云英又是主要优质蜜源植物。紫云英蜜是我国驰名的蜜种之一。具有大自然清新宜人的草香味，甜而不腻，

果实

鲜洁清甜，色泽浅琥珀色，营养丰富，实为保健佳品。

紫云英为豆科二年生草本植物。

紫云英花形态结构

总状花序，着花 5~10 朵，呈伞形；总花梗腋生，较叶长；苞片三角状卵形；花梗短；花萼钟状，长约 4 毫米，被白色柔毛，萼齿披针形，长约为萼筒的 1/2；花冠 5 瓣，旗瓣倒卵形，紫红色或粉红色，长 10~11 毫米，先端微凹，基部渐狭成瓣柄，翼瓣较旗瓣短，瓣片长圆形，白色，基部具短耳，瓣柄长约为瓣片的 1/2，龙骨瓣与旗瓣近等长，瓣片半圆形，瓣柄长约等于瓣片的 1/3；花蕊伸出龙骨瓣外，有雄蕊 10 枚，1 枚单体，为二体雄蕊；子房无毛或疏被白色短柔毛，具短柄。

（绿肥作物——豆科作物）

苕子（剑叶豌豆、毛叶苕子）

剑叶豌豆：

●剑叶豌豆，其叶长似箭，花与荚果似豌豆故名。有的地方叫它苕子、小苕子、小叶豌豆、野豌豆等。原产于欧洲南部，20世纪20年代引入我国。现在南方各省广为种植。

●剑叶豌豆与其他豆科绿肥作物一样，其茎叶含有多种营养成分和大量有机质，它根系发达且着生大量固氮菌根瘤，施与土壤之中，能改善土壤结构，促进土壤熟化，增强土壤肥力。剑叶豌豆除用作绿肥外，亦是优良的牧草。有的地方还把它的嫩茎叶作为蔬菜食用。

箭筈豌豆属豆科一年生或二年生草本植物。

剑叶豌豆花形态结构

花结构与豌豆近似，蝶形花冠较小，花展只相当于豌豆花的五分之一。

毛叶苕子

●毛叶苕子又称大苕子。原产于欧洲南部和中东地区。现在我国各地均有栽培。毛叶苕子在初花时期，鲜草含有丰富的营养和氮磷钾等物质，它根系发达且着生固氮菌根瘤，能给土壤遗留大量的有机质和氮素，可改良土肥结构，提高肥力。毛叶苕子是优良的绿肥亦是优质牧草。

毛叶苕子为豆科一年或二年生草本植物。

毛叶苕子花形态结构

总状花序腋生，总花梗长，着生花10~20朵，排列于序轴的一侧。蝶形花冠淡紫色或紫蓝色，旗瓣长圆形，先端微凹；花萼圆筒形，萼齿5片，条状披针形，下面3齿较长；雌雄花蕊结构与其他豆科作物相似。

（绿肥作物——豆科作物）

三叶草（白花三叶草）

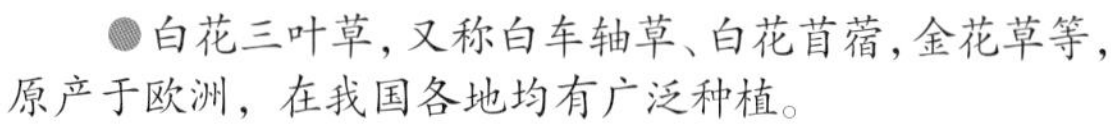

●白花三叶草，又称白车轴草、白花苜蓿，金花草等，原产于欧洲，在我国各地均有广泛种植。

●白花三叶草，既是优良的绿肥和牧草，因其植株矮小，枝叶密集，叶色碧绿，数量较多奇特的球状花球，现今许多城市亦把它作为绿化公园、广场、道路、庭院的绿屏种植。

白花三叶为豆科草属一年或多年草本植物。

白花三叶草花形态结构

花序球形，顶生，上着生密集的小花数十朵，总花梗直立而长；小花蝶形花冠，白色、乳黄色或淡红色，具香气。萼钟形，具脉纹10条，萼齿5，披针形，稍不等长，短于萼筒，萼喉开张，无毛；花冠白色、乳黄色或淡红色，具香气，旗瓣长椭圆形，比翼瓣和龙骨瓣长近1倍，龙骨瓣比翼瓣稍短；雌雄花蕊与豆科作物相似，胚珠较少，只有3~4枚。

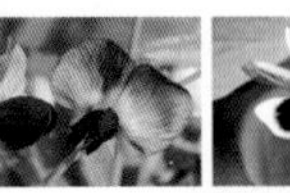

后 记

在农村拍摄“农作物花”的过程中，与农民打交道和交流的时间较多，他们当中有粮农、果农、菜农、专业种植大户、科技示范户和技术人员。由于作者从事数十年的农业科技和推广工作，与他们接触交流兴趣相近，话语投机，倍感亲切，于此结识了许多农民朋友。

农作物的种类繁多，地域分布广阔而分散，作物开花的季节、时期，每日开花的时辰都不尽相同。有些作物作为产品在开花前即已收获，很少看见开花。这些状况都给系统地拍摄“农作物花”带来很大难度，仅靠作者独自奔波、寻找是很困难的。然而，多亏了许多农民朋友的热情支持和帮助，才得以顺利进行。

有的地方农户居住分散，种植作物种类和田地安排各不相同，农民朋友就带领作者步履田间地头，找到开花的作物进行拍摄；有的开花前收获的作物，他们有意地留上一些植株，待其开花时通知作者前往拍摄；有的作物种植地域较远，难以抵达，就买一些作物种子，请农民朋友栽种，他们不耐其烦，精心管理，待开花时拍摄；有的作物开花时辰或凌晨或傍晚，有的开花即开即闭，时间很短，为抓机拍摄，就吃住在农民朋友家，他们给以热情地接待，有的甚至分文不收，倍感温馨。奔波于广阔的田野农田拍摄照片是个很劳累的事，庆幸的是，每到一处，都有一些青年农民主动热情地帮助背负摄影器材㩧包，扛着三脚架，游走于田间地头或山地果园。拍摄中，烈日当头时，他们帮助打伞遮阳，在作物丛中拍摄时光线不足，他们协助用反光板打光，使照片更加明亮清晰。有的果树开花部位较高，拍摄效果不好，他们就爬到树梢摘上一枝，取下拍摄；在与农民朋友的交流中，他们还讲述了一些农作物及其花的有趣传说故事、寓言寓意、歇后语和具有乡土意韵的打油诗。对作者有很大启发，对本画册增加趣味性很有帮助。所有这些，可以想象，如果没有这些农民朋友的热情支持和鼎力帮助，作者能够较为系统地拍摄到200多种作物品种，4万余幅农作物花的照片并编写成书，几乎是不可能的。谨此，作者要向这些农民朋友们表达深深地的敬意和感谢。

在编撰各作物有关原产地、种植区域分布、产品经济价值及利用和作物株体形态结构等方面的说明文字中，其参考文字素材主要取之于四川农业广播电视学校编写的《作物栽培学》《果树栽培学》《蔬菜栽培学》《植物生理》等教材。在此，对教材的编者表示感谢。

在本书图片选择、制作、排布和文字编写过程中，西南大学教授、博士导师李道高先生给予了热情而严谨的指导，对内容的科学性和趣味性等方面提供了宝贵的意见。样书印出后，他又认真审阅并为本书写了‘跋’。在此表示由衷的感谢。

在本书文稿编写和配图方面，四川省高级经济师、蔬菜专家尹曼琳女士帮助审阅和修正，特表感谢。

王其亨

2017年11月于成都

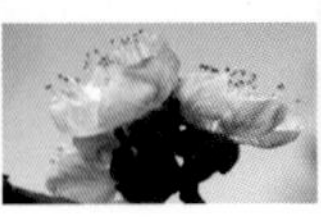

主要参考文献

才林 .2015. 植物百科全书 [M]. 北京：北京联合出版公司 .

陈贵林 .1997. 蔬菜栽培学 [M]. 北京：中国农业科技出版社 .

刘远鹏 .1988 果树栽培 [M]. 成都：四川教育出版社 .

孙晓辉 .2002. 作物栽培学 (各论) [M]. 成都：四川科学技术出版社 .

周夑，陈婉芬，吴颂如 .1988. 植物生理学 [M]. 北京：中央广播电视大学 .

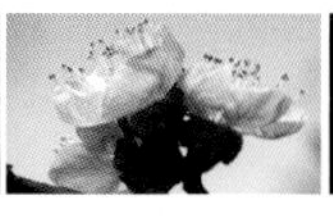

作者简介

作者 1959 年毕业于西南农业大学，分配到四川省农业厅工作，分别就职于植物保护植物检疫站、四川省农业技术推广站、科技教育处、四川省农业广播电视学校等部门。主要从事农业新技术推广、宣传普及；基层农业技术推广组织体系建设；农业科学研究项目、课题、成果组织和管理以及农业教育等工作。

在 40 多年工作中，先后担任技术员、农艺师、高级农艺师；科技教育处处长；四川省农业广播电视学校校长；四川省农业系统高级职称评审委员会常务委员，综合专家组组长；中国教育协会农村远距离教育委员会常务理事；四川省教委广播电视远距离教育学会副会长、副理事长；中央农业广播电视学校督学等职。

在退休后的十余年里，作者热爱农业技术推广和教育事业之心不改，仍奔波于农村田野之间，农地作物之中，专门从事“农作物花”的照片拍摄和编撰画册工作，致力于普及农业和农作物的有关知识。